化学工业出版社"十四五"普通高等教育规划教材

国家级一流本科专业建设成果教材

U0740320

环境工程造价与项目管理

Environmental Engineering Cost
and Project Management

吴莉娜　主编

化学工业出版社

·北京·

内容简介

《环境工程造价与项目管理》全面、系统地介绍环境工程造价与项目管理的理论知识与实践技能。全书分两部分：第一部分是环境工程造价，涵盖环境工程造价基础、核算、设计概算、工程建设施工图预算、招投标与合同管理、工程造价风险管理等相关知识；第二部分是环境工程项目管理，包括环境工程项目管理概论、策划、投资控制、质量与安全管理等内容。附录是环境工程项目相关文件编制示例，包含某城镇污水处理厂项目建议书、施工阶段成本控制案例、施工进度管理案例、排水工程可行性研究报告组成内容摘录、可行性研究报告编制实例、概算书编制实例、国内招标文件编制实例、国内评标文件编制实例等。

本书可作为环境工程等相关专业教学用书，也可供相关领域从业者学习参考。

图书在版编目（CIP）数据

环境工程造价与项目管理 / 吴莉娜主编. -- 北京：
化学工业出版社，2025. 5. --（国家级一流本科专业建
设成果教材）. -- ISBN 978-7-122-47622-7

Ⅰ. X5

中国国家版本馆 CIP 数据核字第 2025ZD8783 号

责任编辑：刘丽菲　赵玉清　旷英姿　　　　文字编辑：罗　锦
责任校对：李　爽　　　　　　　　　　　　装帧设计：张　辉

出版发行：化学工业出版社
　　　　　（北京市东城区青年湖南街 13 号　邮政编码 100011）
印　　装：三河市君旺印务有限公司
787mm×1092mm　1/16　印张 12　字数 278 千字
2025 年 8 月北京第 1 版第 1 次印刷

购书咨询：010-64518888　　　　　　　　售后服务：010-64518899
网　　址：http://www.cip.com.cn
凡购买本书，如有缺损质量问题，本社销售中心负责调换。

定　　价：39.00 元　　　　　　　　　　　　版权所有　违者必究

前　言

在全球气候变化加剧、生态环境压力持续增大的背景下，现代工程建设正面临前所未有的挑战。随着"双碳"目标的推进和绿色发展战略的深化，环境工程项目的实施不仅关乎生态平衡与资源高效利用，更影响人类社会的长远发展。

近年来，中国生态环保产业规模持续扩大，从污水处理、大气治理到固体废物处理，再到生态修复与保护，各类项目遍地开花。在项目实施过程中，如何解决造价失控、管理不善等问题，对于项目的经济效益、社会效益乃至生态效益都有重大影响。因此，如何准确估算环境工程造价，实施高效的项目管理，成为摆在行业面前的一大课题。

环境工程造价与项目管理课程，旨在为我国环境工程建设领域培养一批既懂技术又精通经济管理的复合型人才，培养学生以科学的方法和严谨的态度应对环境挑战的能力。在这个背景下，本书结合国内外先进理论和实践经验，系统探讨了环境工程造价与项目管理的关键环节和策略，给读者提供一个全面、实用的知识体系，帮助读者掌握环境工程造价的基本原理、估算方法、成本控制策略以及项目管理的全过程管理技能。通过对本书的学习，读者能够：

1. 理解环境工程造价的构成与特点，掌握科学的估算方法；
2. 熟悉项目管理的基本理论框架，包括项目策划、组织、执行、监控和收尾等阶段；
3. 熟练掌握环境工程项目风险管理、合同管理、质量管理等关键领域的实用技巧；
4. 提高解决实际问题的能力，为从事环境工程项目管理提供有力支持。

全书分两部分：第一部分是环境工程造价，涵盖环境工程造价基础、核算、设计概算、工程建设施工图预算、招投标与合同管理、工程造价风险管理等相关知识；第二部分是环境工程项目管理，包括环境工程项目管理概论、策划、投资控制、质量与安全管理等内容。附录为环境工程项目相关文件编制示例，包含某城镇污水处理厂项目建议书、施工阶段成本控制案例、施工进度管理案例、排水工程可行性研究报告组成内容摘录、可行性研究报告编制实例、概算书编制实例、国内招标文件编制实例、国内评标文件编制实例等。本书为新形态教材，每章后均有在线习题，读者可扫二维码自测练习。可利用图书提供的"班级工具"实现班级的在线生成与成绩管理。

在本书的编写过程中，我们得到了多位业内专家的悉心指导，他们无私分享了宝贵的实践经验与研究成果，在此向所有给予支持与帮助的同仁表示衷心的感谢。尽管我们力求内容的全面与准确，但由于时间仓促及作者水平有限，书中难免存在疏漏与不足之处，恳请广大读者批评指正，以便我们不断改进，为环境工程造价与项目管理领域的发展贡献绵薄之力。

编者

2025 年 2 月

目　录

第一部分　环境工程造价

附录　环境工程项目相关文件编制示例

第一部分

环境工程造价

第1章
环境工程造价基础

学习目标

了解环境工程造价的基本概念、发展历程及其重要性。

掌握环境工程造价的特点及与其他工程造价的区别。

理解工程造价的构成及在环境工程项目中的作用。

1.1 概述

改革开放以来，我国的基本建设程序和管理体制经过持续的优化、培育、丰富和完善，已逐步迈向健康发展的道路。工程投资控制与管理是基本建设的重要组成内容，也是决定基本建设成败的关键因素之一。工程经济分析和工程造价管理又是投资控制的基本依据，因此合理、有效、科学地编制和确定工程概预算至关重要。

工程造价是建造一项工程所花费的费用总和，包括前期工作费用、勘测设计费用、建筑安装工程费用、设备和工器具购置费用、建设单位管理费用以及其他工程建设费用等。工程造价管理就是合理确定和有效控制工程造价，它贯穿工程建设全过程。

了解和掌握造价管理在环境工程中应用的重要性具体体现在以下几个方面。

(1) 进行技术经济比较，选择合理的路线走向

在方案确定和设计中，对污染物处理工艺路线进行方案比选，推荐技术先进、投资经济的工艺路线。工程概预算人员参与路线方案比选，根据设计意图进行各种方案的造价组合，提供可靠的造价资料，对确定经济、合理的路线方案和控制工程造价具有重要意义。

（2）经过技术经济比较，选择重要构筑物的结构形式

在工程项目中，为了确保构筑物的安全、经济和实用，通常需要进行深入的技术经济比较，以选择最合适的结构形式。这一过程中，不仅要考虑材料的成本、施工难度和构筑物功能需求，还需综合考虑结构的耐久性、抗震性以及环境影响等因素。

（3）控制材料预算单价，是降低工程造价的根本保证

材料费在环境工程的建筑安装费中占主要地位，占直接费用的 $55\%\sim66\%$。材料预算价格和用料数量构成材料费的主体，因此，材料预算价格的高低将直接影响工程造价。

影响材料价格的因素有：供应地点、运输方式和需求量等。建筑材料中的砂、石材一般以自采为主，钢筋、水泥等材料为外购。合理地选择运输方式、确定运输距离，是降低材料预算单价的前提。为控制工程造价，在计算材料预算单价时，必须根据工程所在地，采用不同的运输方式和运输距离进行计算，从中选取最合理最经济的材料预算单价，避免因需求量的增加，以及可能的材料供应价格上涨而导致工程造价的失控。

（4）合理使用定额，正确计算工程量，确保工程造价的准确性

随着环境工程项目建设的发展，定额也在不断地更新。造价管理和概预算编制人员应熟悉定额中各项工程项目所包含的内容，才能正确地计算工程量，合理套用定额，避免重复或漏项，确保概预算的准确性。

对于采用新结构、新工艺、新材料的环境工程项目，现有定额有时难以满足要求。为了满足设计要求，准确计算工程造价，需要增加工艺补充定额。

（5）强化管理，规范各专业取费标准，确保工程造价编制的一致性

在工程造价编制过程中，为确保各项费用的准确性和合理性，必须强化管理，严格规范各专业的取费标准。这要求从设计、施工到结算的每一个环节，都要有明确的费用计算依据和规定，防止随意性和不规范性带来的造价失控。通过强化管理和规范取费标准，可以有效避免造价超支和不合理费用的发生，为工程项目的顺利实施和成本控制提供有力保障。

1.2　工程造价

（1）工程造价的构成

工程造价是指进行某项工程建设所花费（包括预期花费和实际花费）的全部费用，即该建设项目（工程项目）有计划地进行固定资产再生产、形成相应的无形资产和铺底流动资金的一次性费用总和。它由设备、工器具购置费用、建设安装工程费用和工程建设其他费用组成。

① 设备、工器具购置费用

设备、工器具购置费用是指建设单位按照建设项目设计文件要求而购置或自备设备或工器具所需要的全部费用，包括需要安装与不需要安装设备及未构成固定资产的各种工具、器具、仪器、生产家具的购置费用。

② 建设安装工程费用

建设安装工程费用是指建设单位为从事项目安装工程所支付的全部生产费用，包括直接用于各单位工程的人工、材料、机械使用费、直接费以及分摊到各单位工程中的管理费及利税。

③ 工程建设其他费用

除上述费用以外的，根据有关规定在固定资产投资中支付，并列入建设项目总概算或单项工程综合概算的费用。

（2）工程造价管理

工程造价管理就是合理确定和有效控制工程造价。首先是合理确定工程造价，即在建设程序的各个阶段，采用科学的计算方法和切合实际的计价依据，合理确定投资估算、初步设计概算、施工图预算、承包合同价、结算价、竣工决算。其次是有效控制工程造价，即在投资决策阶段、设计阶段、建设项目发包阶段和建设实施阶段，把建设工程造价的发生控制在批准的造价限额以内，以求在各个建设项目中能合理使用人力、物力、财力，取得好的投资效益和社会效益。

工程造价的确定与工程建设阶段性工作的深度相适应，如图 1-1 所示。

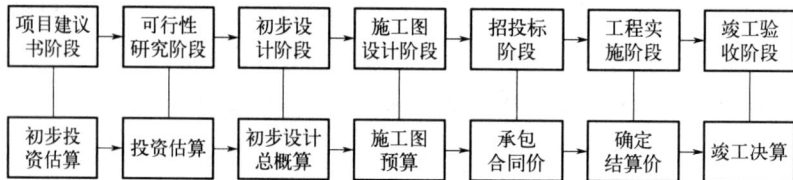

图 1-1　工程造价的确定与工程建设阶段性工作的关系

1.3　环境工程造价的特点

（1）复杂性

环境工程项目通常涉及多个专业领域，如生态学、环境科学、土木工程等，因此其造价构成相对复杂。除了常规的建筑工程费和设备及安装工程费外，还包括勘察设计费、场地准备费（如征地补偿、动迁补助、"三通一平"等费用）、环境管理费、生态修复费以及可能产生的其他特殊费用。这些费用之间的关联性和相互影响使得环境工程造价的计算变得尤为复杂。

（2）动态性

环境工程项目在实施过程中往往面临诸多不确定因素，如材料价格的波动、施工难度的变化、政策法规的调整等，这些因素都会导致工程造价的变动。因此，环境工程造价具有显著的动态性特点。造价人员需要密切关注市场动态和项目进展，及时调整造价预算，以确保项目的顺利进行。

（3）专业性

环境工程造价涉及多个学科领域的知识，如生态学、环境科学、经济学、工程学等。造价人员需要具备全面的专业知识和实践能力，能够准确理解和把握工程项目的特点和要求，以及相关的政策法规和标准规范。同时，还需要具备与相关专业人员沟通协调的能力，以确保工程造价的准确性和合理性。

（4）经济性

环境工程造价的核心目标是实现项目投资的最优化，即在有限的投资条件下，通过合理的费用计算和控制，使工程项目的环境效益、社会效益和经济效益最大化。因此，造价人员需要具备良好的经济分析和决策能力，能够根据项目的实际情况和市场变化，制定合理的造价预算和计划，并采取有效的措施来控制成本，提高项目的经济效益。

（5）地域性

不同地区的经济发展水平、资源价格、人工成本等存在差异，这些因素都会直接影响环境工程造价的高低。例如，在经济发达的地区，由于人工成本较高，工程造价也会相应提高。因此，造价人员需要根据项目所在地的实际情况，合理确定工程造价的水平和标准。

（6）风险性

由于环境工程项目涉及多个不确定因素，如政策变化、市场波动、自然灾害等，这些因素都可能对工程造价产生影响。因此，造价人员需要充分识别和评估潜在的风险因素，并采取相应的风险应对措施，以降低工程造价的风险水平。

综上所述，环境工程造价具有复杂性、动态性、专业性、经济性、地域性和风险性等特点。这些特点要求造价人员具备全面的专业知识和实践能力，能够准确计算和控制工程造价，以确保工程项目的顺利实施和经济效益的最大化。

思考题

1-1 结合实际案例，分析环境工程造价的特点及其对项目管理的影响。

1-2 简述工程造价在环境工程项目中的作用。

在线习题

第2章
环境工程造价核算

掌握环境工程造价核算的基本方法及其适用范围。

理解环境工程定额的概念及其在造价核算中的作用。

熟悉建设项目费用的构成及其计算方法。

工程造价核算在确保工程项目顺利进行中扮演着至关重要的角色。它能够帮助我们合理地预估和规划项目费用，避免不必要的资源浪费和盲目的资金投入。通过核算，我们能够清晰地了解项目的经济效益和投资回报率，从而做出明智的决策。此外，工程造价核算还可以对项目的进展和效益进行持续监控和评估，以便及时调整和优化项目的方案和实施措施。

2.1 环境工程造价流程

环境工程造价是由一系列用途不同、层次不同的各种价格组成的造价体系，其流程包括：投资估算→设计概算→修正概算→施工图预算→施工预算→工程结算→竣工决算。

（1）投资估算

在基础建设前期工作中，投资估算是建设单位向国家申请拟立建设项目或国家对拟立建设项目进行决策时确定的经济文件，它涵盖了规划、项目建议书和设计任务书等不同阶段的预估投资总额。一旦项目的可行性研究报告得到批准，投资估算将成为控制项目设计任务书的投资限额，并在初步设计阶段起到关键的控制作用。此外，投资估算还是筹集资金和获取建设资金贷款的计划依据。对于环境工程项目的投资估算，其费用考虑了从项目筹建、施工一直到竣工投产所需的所有费用，具体包括建筑安装工程费、设备和工器具购置费、工程建设其他费用、预备费、建设期贷款利息、固定资产投资方向调节税、企业流动资金等。投资估算的制订依据包括项目建议书或项目可行性研究报告、投资估算指标和类似工程的概算信息等，以及当地材料、设备价格和市场价格、建筑工程取费标准以及现场地理、地质、交通、供电等情况，同时还要考虑其他相关经验数据。

投资估算书包括：封面，主要反映建设单位、工程名称、工程地址、编制时间、编制人、审核人以及编制单位与建设单位的负责人等信息；投资估算表，包括建筑工程、设备购置、设备安装工程费用及其他费用表等；编制说明，主要内容包括编制范围、投资估算及工程费用构成、编制依据等。

(2) 设计概算

设计概算是指在初步设计阶段，由设计单位根据初步设计或扩大初步设计图纸、概算定额或概算指标，各项费用定额或取费标准，建设地区的自然、技术经济条件和设备预算价格等资料，预先计算和确定建设项目从筹建到竣工验收、交付使用的全部建设费用的文件。设计概算可分为单位工程概算、单项工程综合概算、建设项目总概算三级，根据设计总概算确定的投资数额，经主管部门审批后，就成为该项工程基本建设投资的最高限额。

设计概算具有以下作用：设计概算是编制建设项目投资计划、确定和控制建设项目投资的依据；设计概算是签订建设工程合同和贷款合同的依据，也是银行拨款或签订贷款合同的最高限额；设计概算是控制施工图设计和施工图预算的依据；设计概算是衡量设计方案技术经济合理性和选择最佳设计方案的依据；设计概算是考核建设项目投资效果的依据。

设计概算的编制依据有：批准的可行性研究报告、投资估算书；初步设计或扩大初步设计图纸、技术文件；工程所在地人工工资标准、材料预算价格、机械台班价格等资料；国家或工程所在省、自治区、直辖市现行的建筑工程概算定额或概算指标；工程所在地区的自然、技术经济条件方面的资料；国家或省、自治区、直辖市最新颁布的建筑安装工程间接费取费标准或其他有关费用文件。

设计概算文件一般包括：封面及目录、编制说明、总概算表、工程建设其他费用概算表、单项工程综合概算表、单位工程概算表、工程量计算表、分年度投资汇总表与分年度资金流量汇总表以及主要材料汇总表与工日数量表等。

(3) 修正概算

在采用三阶段设计方法时，随着技术设计的深入，可能会发现与初步设计相比存在建设规模、结构特征、设备类型和数量等方面的差异。为此，设计单位根据技术设计图纸、概算指标或定额、各项费用标准以及建设地区的自然、技术经济和设备预算价格等资料，对初步设计的总概算进行修正，形成修正概算文件。修正概算相比设计概算更加精确，但仍受到设计概算的控制。

（4）施工图预算

施工图预算是由施工单位根据施工图纸、施工组织设计以及国家规定的现行工程预算定额、单位估价表等资料编制的经济文件，编制时还要考虑建筑材料的预算价格以及项目所在地的自然和技术经济条件等因素。通过对这些信息的计算和确定，施工图预算能够详细列出单位工程或单项工程的建设费用。相较于设计概算或修正概算，施工图预算更为详尽和准确，但其制订仍然受到前期确定的工程造价的约束。

（5）施工预算

施工预算是在施工图预算的基础上编制的经济文件。在施工阶段，施工队根据施工图、施工定额（包括劳动定额、材料和机械台班消耗定额）等资料，结合单位工程的施工组织设计或分部（项）工程的施工过程设计，以及降低工程成本的技术组织措施等信息，通过工料分析计算和确定完成一个单位工程或其分部（项）工程所需的人工、材料、机械台班消耗量及相关费用。

施工预算不仅作为施工企业内部编制施工、材料、劳动力等计划和领料的依据，同时也用于考核单位用工情况并进行经济核算。

（6）工程结算

工程结算是指一个单项工程、单位工程、分部工程或分项工程完工，并经建设单位及有关部门验收后，施工企业根据施工过程中现场实际情况的记录、设计变更通知书、现场工程更改签证、预算定额、材料预算价格和各项费用标准等资料，在概算范围内和施工图预算的基础上，按规定编制的向建设单位办理结算工程价款，取得收入，用以补偿施工过程中的资金耗费，确定施工盈亏的经济文件。

（7）竣工决算

竣工决算是指在竣工验收阶段，当建设项目完工后，由建设单位编制的反映建设项目从筹建到建成投产或使用的全部实际成本的技术经济文件。

2.2 环境工程造价核算方法

2.2.1 环境工程定额

定额的确定和工程量的计算是正确编制初步设计概算和施工图预算的重要内容。

（1）定额的概念

定额是在合理的劳动组织和合理的使用材料和机械的条件下，完成单位合格产品所消耗的资源数量的标准。

定额水平就是完成单位合格产品所需资源数量的多少。它随着社会生产力水平的变化而变化，是一定时期社会生产力的反映。

（2）建筑、安装工程定额分类

环境工程项目的建筑、安装工程定额种类很多，按其内容、用途和执行范围不同可做如下分类：

① 按生产要素分类有：劳动定额（也称作工时定额或人工定额）、材料消耗定额、机械台班使用定额。这三种定额是编制其他各种定额的基础，因此也称为基本定额。

② 按定额编制程序和用途分类有：施工定额、预算定额、综合预算定额、概算定额、概算指标、估算指标。

③ 按专业分类有：建筑工程定额，安装工程定额，市政工程定额，园林、绿化工程定额，公用管线工程定额。

④ 按编制单位和执行范围分类有：全国统一定额、主管部门定额、地方定额、企业定额。

（3）工程量的作用

工程量是以物理计量单位或自然计量单位表示的具体分项工程、构配件和制品的数量。其作用主要表现为：

① 工程量是编制施工图预算的重要基础数据。工程量计算的准确性，将直接影响工程造价的准确性。

② 工程量是施工企业编制施工组织设计、施工作业计划、资源供应计划、进行建筑统计工作和实现经济核算的依据。

③ 工程量是建设单位编制基本建设计划、进行基本建设财务管理的重要依据。

（4）工程量计算的一般原则

为了准确地计算工程量，提高施工图预算编制的质量和速度，防止工程量计算出现错算、漏算和重复计算，工程量计算时通常要遵循以下原则：

① 工程量计算规则要一致。按施工图纸计算工程量，必须与概预算工程量的计算规则一致。如北京市现行概算定额中带形基础挖土方的工程量是按基础断面面积乘以轴线长度，以立方米计算的，而不是按图示挖土方体积计算工程量。

② 计算口径要一致。计算工程量时，根据施工图列出的分项工程的口径，应与概预算定额中相应分项工程的口径一致。

③ 计量单位要一致。按施工图纸计算工程量时，所列各分项工程的计量单位，必须与定额中相应项目的计量单位一致。如北京市概算定额中，砖砌外墙工程量的计量单位是平方米，而不是立方米。

④ 计算工程量要遵循一定的顺序。计算工程量时，一般应遵循一定的顺序，如按顺时针方向计算工程量；按先横后竖、先上后下、先左后右的顺序计算工程量；按结构构件编号顺序计算工程量；按轴线编号顺序计算工程量等。

⑤ 计算一定要准确。工程量计算中，计算精度要一致，除钢材、木材及使用贵重材料的项目可精确到小数点后三位以外，其余项目一般取小数点后两位。

（5）工程量计算的基本要求

工程量计算的主要依据有施工图设计文件、施工组织设计文件、建筑安装工程预算定额、《建筑安装工程量计算规则》等。

工程量是根据施工图纸规定的各个分项工程的尺寸、数量以及构配件（或设备）明细表等具体数据，按照施工组织设计和预算定额规定的工程量计算规则的要求，逐项计算出来的。

① 工程量的计量单位

工程量的计量单位通常有两种：物理计量单位和自然计量单位。

物理计量单位，通常以公制度量单位表示：如长度为米（m）；面积为平方米（m²）；体积为立方米（m³）；重量（质量）为千克（kg）、吨（t）等。

自然计量单位，通常以十进位的自然数进行计算，单位为个、根、台、套、组等。

② 工程量的计算精度

施工图纸上的尺寸标注有两种：标高以米（m）为单位；其他尺寸均以毫米（mm）为单位。在进行工程量计算时，都应换算成以米（m）为单位。

在工程量计算过程中，通常保留三位小数，计算结果要保留两位小数。

(6) 工程量计算规则

为了发挥计算机的计算功能，加快工程概预算编制速度，在工程量计算上，提出了"一点""三线""五面""一量多用"的工程量计算规则。

① "一点"。"点"是概算定额中某些工程量的计量单位，如土建工程中的厕所蹲台、隔断等以"间"计算；电气工程中的灯具、支路管线、开关、插座等以"个""套"来计算等。

② "三线"。"三线"是建筑设计图纸上的基本表达形式。概算定额中的三线指轴线、中心线和层高的垂直线。如土建工程中外轴线长度可以计算散水，也是计算外墙基槽挖方、外墙砖基础、砖外墙等工程量的基本依据。层高垂直线是作为给排水和采暖管道计算立管工程量的依据。

③ "五面"。面积是计算土建工程量的主要依据之一，主要包括：

a. 建筑面积，是计取建筑物土建工程其他直接费的依据。

b. 轴线内包水平投影面积，是计算楼地面、楼板、楼梯等工程量的主要依据。

c. 轴线与层高的垂直线内包垂直投影面积，是计算内、外墙工程量及装修工程量等的主要依据。

d. 门、窗框外围面积，是计算门窗、窗台板等制作安装的依据。

e. 投影面积，是计算单边附墙楼梯、天沟等的主要依据。

④ "一量多用"。"一量多用"是加快工程概预算编制速度的主要手段。它是在工程量计算方法上，力求用一种工程量计算出多个项目。如利用一个门窗外围面积，可以计算出门窗工程、窗台板等多个项目。

为了培育、完善统一开放、竞争有序的建筑市场和适应工程造价动态管理的需要，使建设工程造价计价依据逐步与国际惯例接轨，我国组织制定了《建设工程工程量清单计价规范》（GB 50500—2013）及《全国统一建筑工程预算工程量计算规则》（GJDGZ 101—1995）。

《建设工程工程量清单计价规范》是统一全国建筑工程预算工程量计算规则、项目划分、计量单位的依据，是各省、自治区、直辖市工程造价管理机构编制建筑工程（土建部分）地区单位估价表，编制概算定额及投资估算指标的依据，也是建设单位编制招标工程标底、施工单位制订企业定额和投标报价的基础。

2000 年建设部发布实施了《全国统一安装工程预算定额》和《全国统一市政工程预算定额》，可供计算工程量和编制预算时参考。《全国统一安装工程预算定额》共分 12 册：第一册机械设备安装工程；第二册电气设备安装工程；第三册热力设备安装工程；第四册炉窑砌筑工程；第五册静置设备与工艺金属结构制作安装工程；第六册工业管道工程；第七册消防及安全防范设备安装工程；第八册给排水、采暖、燃气工程；第九册通风空调工程；第十册自动化控制仪表工程；第十一册刷油、防腐蚀、绝热工程；第十二册通信设备及线路工程。另有与之配套使用的《全国统一安装工程预算工程量计算规则》与《全国统一安装工程施工仪器仪表台班费用定额》。

2.2.2　预算定额

2.2.2.1　预算定额的概念、组成及作用

在环境工程造价管理中，预算定额扮演着至关重要的角色。它不仅是编制施工图预算、确定和控制工程造价的基础，还是工程建设中一项重要的技术经济文件。

(1) 预算定额的概念

预算定额是指在正常施工条件、合理施工组织和工艺标准下，完成单位合格工程产品（如 $1m^3$ 污水处理池、1km 排污管道等）所必需消耗的人工、材料、机械台班的数量标准及费用限额。它是编制施工图预算、确定工程造价、进行工程招投标和工程结算的重要依据，具有科学性、法定性和时效性特点。

(2) 预算定额的组成

预算定额通常由人工消耗量、材料消耗量、机械台班消耗量和相应的费用标准组成。其中：

人工消耗量：包括基本用工、超运距用工、辅助用工和人工幅度差等内容。这些用工量是根据国家建设行政主管部门制定的劳动定额的相关规定计算确定的。

材料消耗量：是指在正常施工条件下，生产单位合格产品所需消耗的材料、成品、半成品、构配件及周转性材料的数量。材料消耗量由材料的净用量和损耗量构成。

机械台班消耗量：是指在正常施工条件下，生产单位合格产品必须消耗的某种型号施工机械的台班数量。它反映了施工机械的使用效率。

(3) 预算定额的作用

编制施工图预算的依据：施工图一经确定，工程预算造价主要受预算定额水平和人工、材料及机具、台班价格的影响。因此，预算定额是编制施工图预算、确定建筑安装工程造价的基础。

编制施工组织设计的参考：根据预算定额，可以计算出施工中各项资源的需要量，为有计划地组织材料采购和预制件加工、劳动力和施工机具的调配提供计算依据。

工程结算的依据：在工程施工过程中，按照施工图进行工程发包时合同价款的确定及

施工过程中的工程结算等都需要按照施工图纸进行计价。预算定额为这些计价工作提供了支持。

施工单位经济活动分析的依据：预算定额规定的物化劳动和劳动消耗指标可以作为施工单位生产中允许消耗的最高标准，有助于施工单位进行技术革新，提高劳动生产率和管理效率。

编制概算定额的基础：概算定额是在预算定额基础上综合扩大编制的。利用预算定额作为编制依据，可以节省编制工作的人力、物力和时间，保证计价工作的连贯性。

预算定额的应用还需要注意：需建立动态调整机制，定期依据市场价格波动和技术革新进行修编。要考虑地域差异性，不同地区的人工单价、材料运输费等存在区域价差。应重视专业特殊性，环境工程会涉及污水处理、固废处置等特殊工艺要求。需结合配套文件使用，与设计规范、施工验收标准综合应用。

2.2.2.2　预算定额的编制过程

筹备阶段：成立编制机构并拟定编制方案。开展调研工作，收集各种资料并了解相关政策和管理规定，确立定额水平、项目划分等基本认识。

编制初稿：根据收集到的资料，进行详细研究和测算，确定主要工程量和耗费指标，并制订初步文本。此阶段要求实事求是，确保编制的准确性和合理性。

征求意见，修改初稿：组织相关人员对初稿进行讨论，包括工人、技术人员、管理人员和设计人员，收集并采纳修改意见，对初稿进行修订。

审查定稿：对新编定额水平进行测算并与旧定额水平进行比较。对同一工程使用新、旧定额编制预算，比较造价。同时测定施工现场的工、料、机消耗水平，对定额耗量与实际耗量进行对比分析。根据分析结果进一步修改初稿，并组织有关部门再次讨论，广泛征求群众意见。

相关部门审批：最终修订定稿，编写编制说明并拟定送审报告，将预算定额和相关文件一并提交给领导机关审批。

2.2.2.3　预算定额的计算

(1) 实物法

① 计算各分项工程量

按照工程量计算规则，计算各分项工程数量。

② 计算工程实物量

$$人工实物量 = \sum (定额人工需要量 \times 分项工程量)$$

$$材料实物量 = \sum (定额材料需要量 \times 分项工程量)$$

$$机械台班实物量 = \sum (定额机械台班需要量 \times 分项工程量)$$

③ 计算工程直接费

$$人工费 = 工资单价 \times 人工实物量$$

$$材料费 = 材料预算价格 \times 材料实物量$$

$$机械费 = 机械台班单价 \times 机械实物量$$

$$直接费 = 人工费 + 材料费 + 机械费 + 其他直接费$$

④ 计算各项费用

$$间接费＝工程直接费（或人工费）×间接费率$$

$$法定利润＝（直接费＋间接费）×法定利润率$$

⑤ 计算工程预算造价

$$单位工程预算造价＝直接费＋间接费＋法定利润$$

由上述计算过程可知，实物法的计算工作量繁杂，而且不利于在各个分部分项工程之间进行经济分析，因此该法的应用受到限制。

(2) 单位估价法

单位估价法是编制工程概（预）算的通用方法。它是通过工程量计算，选套定额之后，直接算出工程直接费。其计算过程和计算公式如下：

① 计算各分项工程量

按照工程量计算规则，计算各分项工程数量。

② 计算工程直接费

$$工程直接费＝\sum（预算定额单价×分项工程量）＋其他直接费$$

③ 计算各项费用

$$间接费＝工程直接费（或人工费）×间接费率$$

$$法定利润＝（直接费＋间接费）×法定利润率$$

④ 计算工程预算造价

$$单位工程预算造价＝直接费＋间接费＋法定利润$$

通过单位估价法和实物法的计算比较可知，单位估价法计算工作量大大简化，便于各预算定额人工消耗量的确定。

预算定额中的人工消耗量（定额人工工日）指的是完成特定单位分项工程所需的工人数量。这包括基本用工和其他用工两部分，通常根据《全国建筑安装工程统一劳动定额》等现行标准进行计算。

基本用工是指完成特定计量单位的分项工程或结构构件所需的主要工人数量，其计算基于综合考量的工程量和施工劳动定额。

$$基本用工工日数量＝\sum（工序工程量×时间定额）$$

其他用工是指在辅助基本用工完成生产任务过程中所需的人工，其工作内容可以分为辅助用工、超运距用工和人工幅度差三类。

辅助用工指劳动定额中未包括的各种辅助工序用工，如材料加工等用工。

$$辅助用工工日数量＝\sum（加工材料数量×时间定额）$$

超运距用工是指预算定额中规定的材料、半成品的平均水平运距超过劳动定额规定运输距离的用工。

$$超运距用工＝\sum（超运距运输材料数量×相应超运距时间定额）$$

$$超运距＝预算定额取定运距－劳动定额已包括的运距$$

人工幅度差是指在劳动定额时间未包括而在预算定额中应考虑的在正常施工条件下所发生的无法计算的各种工时消耗。一般包括工序交叉、搭接停歇的时间损失，机械临时维修、小修、移动等不可避免的时间损失，工程检验影响的时间损失，施工收尾及工作面小影响工效的时间损失，施工用水、电管线移动影响的时间损失，工程完工、工作面转移造成的时间损失，施工中难以预料的少量零星用工。人工幅度差计算方法：

　　　　人工幅度差＝（基本用工＋辅助用工＋超运距用工）×人工幅度差系数

人工幅度差系数为 10％～15％，一般土建工程为 10％，设备安装工程为 12％。

2.2.2.4　材料消耗量

(1)　材料消耗量的概念

材料消耗量是在正常施工条件下，完成单位合格产品所必须消耗的材料数量，依据用途分为两种。

① 主要材料

主要材料是指直接构成工程实体的材料，其中也包括成品、半成品的材料。

② 次要材料

次要材料是指直接构成工程实体但使用量较小的一些材料，如垫木、钉子、铅丝等。

(2)　材料消耗指标的确定方法

建筑工程预算定额中的主要材料、成品或半成品的消耗量，应以施工定额的材料消耗定额为计算基础。计算出材料的净用量，然后确定材料的损耗率，最后确定出材料的消耗量，并结合测定的资料，综合确定出材料的消耗指标。如果某些材料成品或半成品没有材料消耗定额时，则应选择有代表性的施工图样，通过分析、计算求得材料消耗指标。

① 非周转性材料消耗指标的确定

非周转性材料不能重复使用，是相对于周转性材料存在的，如沙、水泥、木材、钢筋等。

非周转性材料施工损耗量一般测定起来比较烦琐，多根据以往测定的材料施工（包括操作和运输）损耗率来简化计算，一般可以用下式进行计算。

　　非周转性材料消耗量＝材料净用量＋材料损耗量＝材料净用量×（1＋材料损耗率）

式中，材料净用量一般可按材料消耗净定额或采用观察法、试验法、统计分析法和计算法确定；材料损耗量一般可按材料损耗定额或采用观察法、试验法、统计分析法和计算法确定。

② 周转性材料消耗指标的确定

周转性材料是指在施工过程中不是一次消耗完，而是多次使用、逐渐消耗、不断补充的周转工具性材料。对逐渐消耗的那部分应采用分次摊销的办法计入材料消耗量，进行回收。

周转性材料消耗指标，应当按照多次使用，分期摊销的方式进行计算。即周转性材料在材料消耗指标中以摊销量表示。

以现浇钢筋混凝土模板为例，介绍周转性材料摊销量的计算。

a. 材料一次使用量。材料一次使用量指为完成定额单位合格产品，周转性材料在不重复使用条件下的一次性用量，通常根据选定的结构设计图纸进行计算。

　　　一次使用量＝（每 $10m^3$ 混凝土和模板接触面积×$1m^2$ 接触面积模板）/

　　　　　　　　　　（1－模板制作、安装损耗率）

b. 材料周转次数。材料周转次数是指周转性材料从第一次使用起到报废止，可以重复使用的次数，一般采用现场观察法或统计分析法来测定材料周转次数，或查相关手册。

c. 材料补损率。补损量是指材料周转使用一次后由于损坏需补充的数量，也就是在第二次以后各次周转中为了修补难以避免的损耗所需要的材料消耗，通常用补损率来表示。

补损率的大小主要取决于材料的拆除、运输和堆放的方法以及施工现场的条件。在一般情况下，补损率要随周转次数增多而加大，所以一般采取平均补损率来计算。

$$补损率＝平均每次损耗量/二次使用量×100\%$$

d. 材料周转使用量。材料周转使用量是指周转性材料在周转使用和补损条件下，每周转使用一次平均所需的材料数量。一般应按材料周转次数和每次周转发生的补损量等因素计算：

$$一定单位结构构件的材料周转使用量＝\{一次使用量＋[一次使用量×$$
$$(周转次数－1)×补损率]\}/周转次数$$

e. 材料回收量。在一定周转次数下，每使用一次平均可以回收材料的数量。

$$回收量＝一次使用量×(1－补损率)/周转次数$$

f. 材料摊销量。周转性材料在重复使用的条件下，应分摊到每一计量单位结构构件的材料消耗量。这是应纳入定额的实际周转性材料消耗数量。

$$摊销量＝周转使用量－回收量×回收折价率/(1＋现场管理费率)$$

2.2.2.5　预算定额机械台班消耗指标的确定

预算定额机械台班消耗指标应根据全国统一劳动定额中的机械台班产量编制。

机械化施工过程（如机械化土石方工程、机械打桩工程、机械化运输机及吊装工程）所用的大型机械及其他专用机械，应在劳动定额中台班定额的基础上另加机械幅度差。机械幅度差是指在劳动定额（机械台班量）中未曾包括的，而机械在合理的施工条件下所必需的停工时间，在编制预算定额时应予以考虑。主要有以下几个方面：施工机械转移工作面及配套机械互相影响损失的时间；在正常施工情况下，机械施工中不可避免的工序间歇、检查工程质量影响机械操作时间；临时水、电线路在施工中移动位置所发生的机械停歇时间；工程结尾时，工作量不饱满所损失的时间。

预算定额中机械台班消耗指标的确定方法：

① 工人小组配备的机械应按工人小组日产量计算机械台班量，不另外增加机械幅度差。计算公式为：

$$分项定额机械台班使用量＝预算定额项目计算单位值/小组总产量$$
$$小组总产量＝小组总人数×(分项计算确定的比重×劳动定额每工综合产量)$$

② 按机械台班产量计算：

$$分项定额机械台班使用量＝(预算定额项目计算单位值/机械台班产量)×机械幅度差系数$$

2.2.2.6　预算定额的使用方法

(1) 直接套用

当施工图的设计要求与预算定额的项目内容一致时，可直接套用预算定额。在编制单位工程施工图预算的过程中，大多数项目可以直接套用预算定额。套用时应注意以下几点：

① 根据施工图、设计说明和做法说明，选择定额项目。

② 要从工程内容、技术特征和施工方法上仔细核对，才能较准确地确定相应的定额项目。

③ 分项工程的名称和计量单位要与预算定额相一致，并在套定额时将工程量转为工程数量。

（2）换算

当施工图中的分项工程项目不能直接套用预算定额时，就产生了定额的换算。

换算基本思路：根据选定的预算定额基价，按规定换入增加的费用，换算后的定额基价＝原定额基价＋换入的费用－换出的费用。

① 换算原则

为了保持定额的水平，在预算定额的说明中规定了有关换算原则，一般包括：

a. 定额的砂浆、混凝土强度等级，如设计与定额不同时，允许按定额附录的砂浆、混凝土配合比例换算，但配合比中的各种材料用量不得调整。

b. 定额中抹灰项目已考虑了常用厚度，各层砂浆的厚度一般不做调整。

c. 必须按预算定额中的各项规定换算定额。

② 预算定额的换算类型

预算定额的换算类型有以下 4 种：

a. 砂浆换算：即砌筑砂浆换强度等级、抹灰砂浆换配合比及砂浆用量。

b. 混凝土换算：即构件混凝土、楼地面混凝土的强度等级、混凝土类型的换算。

c. 系数换算：按规定对定额中的人工费、材料费、机械费乘以各种系数的换算。

d. 其他换算：除上述三种情况以外的定额换算。

（3）定额的补充

当分项工程的设计要求与定额条件完全不相符或由于设计采用新结构、新材料、新工艺，预算定额中没有这类项目，即定额缺项时，就需要补充定额：

① 定额代用法

利用性质相似、材料大致相同、施工方法很接近的定额项目，估算出适宜的系数进行补充。这种办法一定要在施工实践中进行观察和测定，以便调整系数，保证定额的精确性，为以后补充定额项目做基础。

② 定额组合法

将清单项目的工程内容与定额项目的工程内容进行比较，结合清单项目的特征描述，确定拟组价清单项目应由哪几个定额子目来组合的方法。

③ 计算补充法

按定额编制方法进行计算补充，是最精确补充定额的方法。按图纸构造做法计算相应材料加入损耗量，人工和机械按劳动定额和机械台班定额计算。

2.2.3　概算定额

概算定额是在预算定额基础上，确定完成合格的单位扩大分项工程或单位扩大结构构件所需消耗的人工、材料和机械台班的数量标准。

概算定额是预算定额的综合和扩大，是介于预算定额和概算指标之间的一种定额。它是在预算定额的基础上，根据施工顺序的衔接和互相关联性较大的原则，确定的定额划分。它按常用主体结构工程列项，以主要工程内容为主，适当合并相关预算定额的分项内容，较之预算定额具有更为综合扩大的性质，所以也称扩大结构定额。

概算定额与预算定额的相同之处在于它们都是以建筑物各个结构部分和分部分项工程为单位表示的，内容也包括人工、材料和机械台班使用量等三个基本部分，并列有基价。

概算定额与预算定额的不同之处在于项目划分和综合扩大程度上的差异，同时，概算定额主要用于设计概算的编制。由于概算定额综合了若干分项工程的预算定额，因此概算工程量计算和概算表的编制都比编制施工图预算简化一些。

概算定额水平为社会平均水平，它是依据概算定额编制的设计概算，能起到控制投资的作用，允许概算定额与预算定额水平之间有一个幅度差，一般控制在5%以内。

概算定额编制依据：

① 现行的设计规范、施工技术验收规范、建筑安装工程操作规程和安全规程规定等。

② 国家各有关部委批准颁发的标准设计图纸和有代表性的设计图纸。

③ 现行的《全国统一安装工程预算定额》。

④ 国家的有关文件、文献及规定等。

⑤ 现行的人工工资标准、材料和设备预算价格、机械台班预算价格等。

编制方法步骤：在预算定额基础上，综合相关项目，主要依靠主体结构列项，并依据审定的图纸等资料计算工程量，并按照工程结构不同部位，通过测算统计后，定出一个值，结合国家规定的一系列费用，合理确定出概、预算定额间的幅度差，进一步计算出每个定额项目的各类费用。

2.2.4　建设项目费用

建设项目费用是指建设工程从筹建到竣工验收、交付使用过程中所投入的全部费用总和。建设项目费用与建设项目总投资中的固定资产投资在量上相等，我国现行的建设项目费用主要由建筑安装工程费用、工程建设其他费用、预备费、建设期贷款利息及固定资产投资方向调节费等几部分组成。

建筑安装工程费用是指直接发生在工程施工过程中的费用，施工企业在组织、管理、施工、生产、经营中间接为工程支出的费用以及国家规定的利润和交纳税金的总称。《建筑安装工程费用项目组成》规定，建筑安装工程费用项目组成划分有两种，一种是按费用构成要素划分，一种是按造价形成划分。

（1）按费用构成要素划分

① 人工费：按工资总额构成规定，支付给从事建筑安装工程施工的生产工人和附属生产单位工人的各项费用。

② 材料费：施工过程中耗费的原材料、辅助材料、构配件、零件、半成品或成品、工程设备的费用。

③ 施工机具及仪器仪表使用费：施工作业所发生的施工机械、仪器仪表使用费或其租赁费。

④ 企业管理费：建筑安装企业组织施工生产和经营管理所需的费用。

⑤ 利润：施工企业完成所承包工程获得的盈利。

⑥ 规费：按国家法律、法规规定，由省级政府和省级有关权力部门规定必须缴纳或计取的费用。包括：

a. 社会保险费。包括：养老保险费，指企业按照规定标准为职工缴纳的基本养老保险费；失业保险费，指企业按照规定标准为职工缴纳的失业保险费；医疗保险费，指企业按照规定标准为职工缴纳的基本医疗保险费；生育保险费，指企业按照规定标准为职工缴纳的生育保险费；工伤保险费，指企业按照规定标准为职工缴纳的工伤保险费。

b. 住房公积金。指企业按规定标准为职工缴纳的住房公积金。

c. 工程排污费。指按规定缴纳的施工现场工程排污费。

其他应列而未列入的规费，按实际发生计取。

⑦ 税金：国家税法规定的应计入建筑安装工程造价内的营业税（现为增值税）、城市维护建设税、教育费附加以及地方教育附加。

根据增值税税制要求，后采用"价税分离"的原则，税金是指按照国家税法规定，向企业或个人征收的、与其经济活动或财产收益相关的财政收入。在建筑安装工程造价中，税金是一个重要的组成部分，它反映了企业或个人因从事经济活动而应承担的税收责任。

（2）按造价形成划分

建筑安装工程费按照工程造价形成划分为分部分项工程费、措施项目费、其他项目费、规费、税金等。

① 分部分项工程费

各专业工程的分部分项工程应予列支的各项费用。

a. 专业工程：按现行国家计量规范的房屋建筑与装饰工程、仿古建筑工程、通用安装工程、市政工程、园林绿化工程、矿山工程、构筑物工程、城市轨道交通工程、爆破工程等各类工程。

b. 分部分项：工程按现行国家计量规范对各专业工程划分的项目。如房屋建筑与装饰工程划分的土石方工程、地基处理与桩基工程、砌筑工程、钢筋及钢筋混凝土工程等。

各类专业工程的分部分项工程划分见现行国家或行业计量规范，如《市政工程工程量计量规范》（GB 50857—2013）。

② 措施项目费

为完成建设工程施工，发生于该工程施工前和施工过程中的技术、生活、安全、环境保护等方面的费用。

③ 其他项目费

包括暂列金额、计日工、总承包服务费等。

④ 规费与税金

同按费用构成要素划分。

2.3 环境工程造价控制

在环境工程项目中，造价控制是确保项目顺利实施和成功完成的重要保障之一。合理的造价控制可以有效管理项目资金，保障项目质量，最大限度地实现资源利用效益。

(1) 环境工程项目造价控制流程

① 项目前期准备阶段

定义项目目标和范围，制订项目预算和计划。进行市场调研和成本估算，评估项目的可行性和风险。

② 设计阶段

进行初步设计和施工方案的确定。完善工程量清单和施工图纸，进行造价估算和成本分析。

③ 招投标阶段

准备招标文件，明确工程要求和技术规范。进行投标评审和报价比较，选择合适的承包商和供应商。

④ 实施阶段

进行工程进度和质量的监控和管理。控制工程变更和额外费用，确保项目按时、按质、按量完成。

⑤ 收尾阶段

进行工程验收和结算，核算项目总造价。总结项目经验教训，提出改进建议，为后续项目提供参考。

(2) 环境工程造价控制的方法和技术

预算管理，制订项目预算和成本计划，控制项目资金使用。实时跟踪和监控项目预算执行情况，及时调整预算计划。

成本估算，利用历史数据和市场价格，对工程项目的成本进行合理估算。考虑材料、人工、设备、管理费用等方面的成本因素，进行全面评估。

资源管理，合理配置项目资源，确保资源的有效利用和优化配置。加强对人力、物资和设备的管理和监控，提高资源利用效率。

风险管理，对项目的各项风险进行识别、评估并制订应对措施。采取有效的风险管理策略，降低项目风险对造价的影响。

变更管理，对工程变更进行及时审批和控制，避免造成不必要的成本增加。与业主、设计方和承包商等各方沟通协调，确保变更管理的及时性和准确性。

（3）环境工程造价控制的发展趋势和展望

技术创新与数字化管理。利用信息技术和智能化工具，提升项目造价管理效率和水平。探索建立数字化的造价管理平台，实现数据共享和信息互通。

生态环保与可持续发展。强化项目的生态环保意识，注重资源节约和环境保护。推动环境工程造价控制与可持续发展理念的结合，促进行业健康发展。

国际化合作与标准化管理。加强国际合作和交流，学习借鉴国际先进管理经验和技术手段。推动环境工程造价控制的标准化和规范化，提升行业整体竞争力。

思考题

2-1 结合实际案例，分析工程量清单法与定额法的优缺点。

2-2 简述环境工程造价控制的主要措施。

在线习题

在线习题

第3章
环境工程项目设计概算

学习目标

理解环境工程项目建设概算的基本概念、作用及编制依据。

掌握建设工程概算、安装工程综合概算、单项工程综合概算及总概算的编制方法和步骤。

熟悉环境工程项目建设概算的审查流程及常见问题。

3.1 概述

设计概算是控制和确定工程造价的文件。它根据初步设计和扩大初步设计、概算定额、费用定额指标等资料，计算建设工程的全部费用。

设计概算文件包括概算编制说明、总概算书、单项工程综合概算书、单位工程概算书、其他工程和费用概算书，以及钢材、木材、水泥等主要材料表、主要设备表。

设计概算是初步设计文件的重要组成部分。设计概算文件必须完整地反映工程设计的内容，实事求是地根据工程所在地的建设条件（包括自然条件、施工条件等可能影响造价的各种因素），正确地按有关依据性资料进行编制。

（1）设计概算编制原则

① 充分调查研究，掌握第一手资料。例如对非标准设备、新材料和新构件的价格要调查落实；认真收集和选用基础资料；凡地方有具体规定的，一般按地方规定计算。

②　在编制概算过程中，密切结合工程性质和建设地区施工条件，合理计算各项工程费用。尽可能地做到设计与施工相结合、理论与实际相结合，不断提高概算质量。

③　在概算编制过程中，还应该有重点地提高主要工程项目的质量，以便更好地控制整个建设项目的造价。

（2）编制设计概算的准备工作

①　根据设计说明、总平面图和全部工程项目一览表等资料，对工程项目的内容、性质、建设单位的要求等，做一个全面了解。

②　拟定出设计概算的编制大纲，明确编制工作的主要内容、编制重点、步骤和审查方法。

③　根据编制概算的大纲，广泛收集基础资料（如定额、指标、设备报价等），合理选择编制依据。

（3）设计概算编制依据

①　批准的建设项目设计任务书和主管部门的有关规定。

②　能满足编制设计概算的经过各专业工种审校的设计图纸、文字说明和设备清单。其中包括：

a. 土建工程：建筑专业提交的建筑平面、立面、剖面图和初步设计文字说明（应说明或注明装修标准、门窗尺寸）；结构专业提交的平面布置图、构件断面尺寸和特殊构件配筋率。

b. 给水、排水、电气、弱电、采暖通风、动力等专业提交的各子项工程的平面布置图、文字说明和设备清单。如无图纸，应提交主要设备、材料表。

c. 室外工程：有关各专业提交的平面布置图，总图专业提交的土石方工程量和道路、挡土墙、围墙等构筑物断面尺寸。

d. 工程所在地现行建筑工程和专业工程的建筑安装概预算定额、单位估价表、建筑材料预算价格、间接费用和有关费用规定等文件。

e. 现行的有关其他工程费用定额和指标。

f. 有关地区概预算价格资料，包括人工标准、材料和设备的出厂价格、市场价格、运输费用、包装费用等资料。

g. 税收和常规费等资料。

h. 建设场地的工程地质资料和地形图。

i. 水、电供应情况，地区工资标准，地方规定的土地征购、给排水和供电等有关取费标准。

j. 施工组织设计。

3.2　环境工程项目建设工程概算

单位工程概算是确定某一单项工程内的某个单位工程建设费用的文件。单位工程概算包括建筑工程概算和设备安装工程概算两大类。

单位工程概算是一个独立建筑物或构筑物中分专业工程计算费用的概算文件，如土建工程、给水排水工程、电气工程、采暖、通风、空调及其他专业工程等。单位工程概算是单项工程综合概算文件的组成部分。

本节主要介绍建筑工程概算的编制。

编制建筑工程概算有三种基本方法：利用概算定额编制；利用概算指标编制；利用类似预算编制。

3.2.1 利用概算定额编制概算

初步设计或扩大初步设计深度较深，结构、建筑要求比较明确，基本上能摘算出各种结构工程数量，因此可以根据概算定额来编制建筑工程概算书。编制步骤如下：

① 根据设计图纸和概算定额所规定的工程量计算规则，计算工程量。

② 根据确定的工程量和概算定额的基价，计算直接费用。

③ 计算间接费、计划利润和税费。

④ 将直接费、间接费、计划利润和税费相加即得一般土建工程概算。

⑤ 将建筑工程概算价值除以建筑面积，即得技术经济指标（每平方米建筑面积的概算价值）。

⑥ 做出主要材料分析。一般建筑工程概算只计算钢材、水泥和木材（折合成原木）三种材料，统称为"三材"。

3.2.2 利用概算指标编制概算

在初步设计深度较浅，尚无法计算工程数量，或在方案阶段，初具轮廓估算造价时，可以根据概算指标编制概算。

这是一种估算方法，精确度较差。按概算指标编制工程概算，其前提条件是：具备符合本地区情况的概算指标或根据情况修正的其他地区概算指标；对象工程的内容与概算指标中的内容基本一致。

（1）概算指标的选用

① 初步设计只有一个轮廓而无详细设计图纸时，可以初步选用一个与对象工程性质相近的概算指标编制概算。

② 只有设计方案，但需要估算造价，可参照相似类型结构的概算指标或以经验估算指标来编制概算。

③ 设计任务书已规定了以概算指标来控制设计的规模和结构形式，在初步设计以及施工图设计阶段也完全按照概算指标控制造价而不得超过其范围的情况下，单位工程概算可按规定的概算指标编制。

④ 图纸设计后间隔时间过长，概算造价已不适用，在需要确定工程造价的情况下，

应根据实际情况按当前概算指标修正原有概算造价。

当所套用的概算指标只是接近而不完全相同时，应根据差别情况先行调整概算指标，调整公式如下：

$$单位面积造价调整指标＝原造价指标单价－2(应换出结构构件工程量×$$
$$相应概算定额单价)＋2(应换入结构构件工程量×相应概算定额单价)$$

具体应用时，应先按指标规定计算建筑面积，或按指标规定的其他计量单位计算工程量，然后，将计算所得的工程量乘以概算指标单价（或调整单价），便可得出拟建工程概算造价。

当概算指标不包括间接费、利润、税金时，还需按规定另行计算，并计入概算造价。同理，将工程量除以相应的人工和主要材料消耗指标，可以得出拟建工程项目的各项经济指标。

（2）用概算指标编制概算的方法

$$工程概算价值＝建筑面积×概算指标$$
$$工料用量＝建筑面积×工料概算指标$$

3.2.3　利用类似预算编制概算

"类似预算"是指已经编好的，在结构类型、层次、构造特征、建筑面积、层高上与拟编概算工程类似的工程预算。

如果条件合适，采用类似预算来编制概算，不仅能提高概算的准确性，而且能缩短编制时间。

利用类似预算编制概算，要注意选择与拟建工程的结构类型、构造特征、建筑面积相类似的工程预算。除此以外，还要考虑拟建工程与类似预算工程在结构和面积上的差异，考虑由于建设地点或建设时间不同而引起的人工工资标准、材料预算价格、机械台班使用费以及其他费用（间接费、利润、税金）的差异。

结构和面积上的差异可以参考修正概算指标的方法加以修正；由于后者引起的差异则须测算调整系数，对类似预算单价进行调整。

调整系数的确定：

① 首先，测算出类似预算中的人工费、材料费、机械费及有关费用分别占全部预算价值的比例；

② 分别测算出人工费、材料费、机械费及有关费用的单项调整系数；

③ 最后计算出总调整系数。计算公式如下：

$$K=K_1a+K_2b+K_3c+K_4d$$

式中　　　　　　　K——类似预算调整系数；

K_1、K_2、K_3、K_4——分别为人工费、材料费、机械费及有关费用的调整系数；

a、b、c、d——分别为人工费、材料费、机械费及有关费用占全部预算价值的比例。

采用类似预算编制概算的方法如下：

① 熟悉拟建工程的设计图纸，计算工程量（一般只计算建筑面积）；

② 选择类似预算，当拟建工程与类似预算工程在结构构造上有部分差异时，将每百平方米建筑面积造价及人工、主要材料数量进行修正；

③ 当拟建工程与类似预算工程在人工工资标准、材料预算价格、机械台班使用费及有关费用上有差异时，测算调整系数；

④ 根据拟建工程建筑面积和类似预算资料、修正数据、调整系数，计算出拟建工程的调整造价和各项经济指标。

3.3　环境工程项目安装工程综合概算

各种工艺设备、动力设备、运输设备、实验设备、变配电和通信设备等工程的概算价值，由设备原价、设备运杂费、设备安装费和施工管理费组成。编制概算时，要分别计算这些费用。

3.3.1　编制依据

3.3.1.1　基本依据

（1）设计文件

初步设计或扩大初步设计文件，包括设计图纸、设备清单、文字说明等，这些是编制概算的基础。设计文件应明确工程范围、设备规格型号、安装要求等。

（2）定额标准

国家或地区颁发的安装工程概算定额、预算定额、单位估价表等，这些定额标准规定了各类安装工程的计价规则和费用标准。

（3）费用规定

地区现行的建筑工程和专业安装工程概预算定额、单位估价表、建材预算价格、间接费用和有关费用规定等文件，这些文件为计算安装工程费用提供了依据。

3.3.1.2　具体编制依据

（1）设备购置费

设备原价：标准设备按生产厂家现行出厂价格计算，非标准设备按制造厂报价或参考有关类似资料估算。

运杂费：按各地统一实行的运杂费率计算。

（2）设备安装费

根据初步设计或扩大初步设计的深度和对概算要求的粗细程度，决定编制的依据。如设计深度较深，要求概算较细，且基本上能计算工程量时，可根据各类安装工程的概算定额编制概算。

如初步设计深度较浅，可参考以下方法编制：按每套设备、每吨设备、设备容重或设备价值，乘以一定的安装百分率计算；或按设备安装工程每平方米建筑面积概算指标，根据各类不同内容，乘以建设项目的建筑面积，计算出各类安装费用，再将各类安装费用汇总，即为设备安装工程概算价值。

（3）其他费用

包括土地征购费，处理建设场地各种障碍物的费用，建设场地平整费，建设单位管理费，工器具和备品备件购置费，交通工具购置费，生产职工培训费，联合试车费，研究试验费，其他施工费用以及勘察、设计、施工等管理及附加费用等。这些费用应根据相关规定和实际情况进行计算。

3.3.1.3　相关文件和规定

（1）国家或地区的政策文件

如《城市污水处理工程项目建设标准》《中华人民共和国建设部市政工程可行性研究投资估算编制办法》等，这些文件为环境工程项目的投资估算和概算编制提供了指导和规范。

（2）行业规定和标准

如全国统一市政工程投资估算指标、全国统一建筑工程基础定额、全国统一安装工程基础定额等，这些规定和标准是编制安装工程概算的重要依据。

3.3.1.4　其他注意事项

（1）充分调查研究

在编制概算前，应深入现场进行调查研究，了解工程实际情况，掌握第一手资料。

（2）合理计算各项费用

编制概算时，应密切结合工程性质和建设地区施工条件，合理计算各项工程费用。

（3）注意概算的准确性和完整性

概算应准确反映工程设计的内容，包括所有必要的设备和安装工程费用，以及其他相关费用。

综上所述，环境工程项目安装工程综合概算的编制依据是多方面的，包括设计文件、定额标准、费用规定、相关文件和规定等。在编制过程中，应充分考虑各种因素，确保概算的准确性和完整性。

3.3.2　设备购置费概算

编制设备购置费概算的步骤是：根据初步设计所附加的设备清单中相应的设备原价计

算设备总原价，然后再根据设备总原价和设备运杂费率计算设备运杂费，两项相加即为设备购置费概算。设备购置费概算公式是：

$$设备购置费概算 = \sum(设备清单中的设备数量 \times 设备原价) \times (1 + 运杂费率)$$

或　　　$$设备购置费概算 = \sum(设备清单中的设备数量 \times 设备预算价格)$$

（1）设备购置费概算的组成

设备购置费概算主要由设备原价和运杂费两部分组成。其中，设备原价包括标准设备原价和非标准设备原价；运杂费则是指设备从出厂地点或调拨点到达工地仓库所发生的一切费用，如包装费、手续费、运输费、采购费及保管费等。

（2）设备原价的确定

① 标准设备原价。当初步设计列出了设备明细表时，标准设备原价可按单台设备原价乘以设备台数计算。如初步设计未列出设备明细表，可由当地主管部门或设计单位或咨询单位，根据设备重量或以设计的生产能力（如元/吨）进行计算。

② 非标准设备原价。非标准设备原价根据设备类别、性质、质量，按主管部门或地区规定的以及咨询单位提供的设备单位质量估价指标乘以设备质量计算。

（3）运杂费的确定

设备运杂费由于设备供应渠道、生产厂、运输方式和距离等因素不易分项计算，因此一般按占设备原价的百分比（运杂费率）来计算。运杂费率由各地有关部门规定或咨询单位提供。计算公式为：设备运杂费 = 设备原价 × 运杂费率。

（4）设备购置费概算的编制步骤

① 收集资料：收集设备清单、设备原价资料、运杂费率资料等。

② 计算设备原价：根据设备清单和设备原价资料，计算设备总原价。

③ 计算运杂费：根据设备总原价和运杂费率，计算设备运杂费。

④ 汇总设备购置费：将设备原价和运杂费相加，得出设备购置费概算。

（5）注意事项

① 确保资料准确：在编制设备购置费概算时，应确保收集到的设备清单、设备原价资料、运杂费率资料等准确无误。

② 合理确定运杂费率：运杂费率的确定应充分考虑设备供应渠道、生产厂、运输方式和距离等因素，确保运杂费的合理性。

③ 及时调整概算：在项目实施过程中，如设备规格、型号、数量等发生变化，应及时调整设备购置费概算。

（6）案例

假设某环境工程项目需要购置一批标准设备和非标准设备，其中标准设备原价为100万元，运杂费率为5%；非标准设备原价为50万元，运杂费率为8%。则设备购置费概算计算如下：

$$标准设备购置费 = 100 万元 \times (1 + 5\%) = 105 万元$$
$$非标准设备购置费 = 50 万元 \times (1 + 8\%) = 54 万元$$

设备购置费概算总额＝105 万元＋54 万元＝159 万元

综上所述，编制环境工程项目安装工程综合概算中的设备购置费概算需要充分考虑设备原价和运杂费等因素，确保概算的准确性和合理性。

3.3.3 设备安装工程概算

编制设备安装工程概算，应按照初步设计或扩大初步设计的深度和对概算要求的粗细程度，决定编制的依据。如初步设计或扩大初步设计深度较深，要求概算较细，而且基本上能计算工程量时，可根据各类安装工程的概算定额编制概算；如初步设计深度较浅，可参考下面两种方法编制：

① 按每套设备、每吨设备、设备容重或设备价值，乘以一定的安装比例计算。

② 按设备的安装概算指标计算。根据设备安装工程每平方米建筑面积的概算指标，针对不同类型的安装内容，分别乘以建设项目的建筑面积，从而计算出各类安装费用。之后，将各类安装费用进行汇总，得出的总和即为设备安装工程的概算价值。

3.3.4 采暖、通风、给排水、电气照明和通信工程设计概算的编制

采暖、通风、给排水、电气照明和通信工程概算的编制，与土建工程的编制方法相同，可以采用几种编制方法，即用概算定额、概算指标、类似预算等编制。下面介绍利用概算定额编制概算的方法。

（1）采暖和通风工程概算

利用概算定额编制采暖和通风工程概算时，首先应根据设计图纸计算工程量。如采暖工程，计算出暖气片、管道、阀门和附属配件的数量。其中导管和立支管道，均以"延长米"为单位进行计算。阀门及配件等，以"个"或"组"为单位进行计算。工程量计算完以后，即可套用概算定额，编制概算报表，具体要求有：

① 散热器的组成及其安装，以"平方米"或"片"为计算单位。

② 采暖导管和立支管的安装，以"延长米"为计算单位。定额中包括了刷油、保温和金属支架等价值。

③ 阀门及配件安装，以"个"或"组"为计算单位。

④ 零星工程和费用，按上述三项合计金额的百分比计算。

最后统计直接费、计算间接费，即可得概算总价和单位概算价值。

（2）给排水工程概算

用概算定额编制给排水工程概算时，首先要在平面图上计算出各种卫生器具的数量，然后结合轴测图，计算给水和排水管道以及各种管件的数量，最后套用概算定额编制概算表。

编制概算表的一般顺序如下：

① 卫生器具安装，以"组"或"套"为计算单位。

② 给水管道安装（包括刷油和保温）以"延长米"为单位。

③ 排水管道安装（包括刷沥青）以"延长米"计算。

④ 附属配件安装，以"个"或"组"计算。

⑤ 其他零星工程量费用，按照上述四项合计的百分比计算。

最后统计直接费、计算间接费，得出总概算价值及单位工程概算价值。

(3) 照明、防雷和通信工程概算

照明和通信工程概算，首先根据设计平面图和系统图计算工程数量，然后套用概算定额进行编制。

电气照明工程量的计算，首先从进户线横担算起，再按至总配电箱、分配电箱、各支线的线路计算。一般规定如下：

① 横担安装包括接地，以"组"计算。

② 配电箱或开关箱，包括装盘，以"组"计算。

③ 线路以"米（m）"计算，包括配管在内。

④ 灯具以"套"或"个"为单位。

⑤ 其他零星工程费，按上述四项合计的百分比计算。

最后统计直接费、计算间接费，得出总概算价值及单位工程概算价值。

3.3.5 设备及安装工程概算的编制

(1) 工程内容

① 机械及设备安装工程包括各种工艺设备及各种运输设备；锅炉、内燃机等动力设备；工业用泵与通风设备以及其他设备。

② 电气设备和安装工程包括传动电气设备、吊车电气设备和控制设备等；变电及整流电气设备；弱电系统设备，包括电话、通信、广播和信号等设备；自动控制设备等。

(2) 概算的编制

① 设备购置概算

设备原价，按照提供的设备清单逐项计算。设备运杂费的计算公式如下：

$$设备运杂费＝设备原价×运杂费率$$

② 设备安装工程费用概算

设备安装工程费用概算有三种基本方法：

a. 按占设备原价的百分比（设备安装费率）计算。其计算公式如下：

$$设备安装工程费用概算＝设备原价×设备安装费率$$

b. 按设备安装定额编制概算。

c. 按设备安装概算指标编制概算。

3.4 环境工程项目单项工程综合概算

3.4.1 单项工程综合概算的组成

单项工程综合概算书是确定建设项目中每一个生产车间、独立公用事业或独立构筑物的全部建设费用的文件。它是以整个工程项目为对象，由一个工程项目中的各个单位工程概算书（包括建筑工程、设备及安装工程）和工程项目的其他工程和费用（包括器具、工具、生产家具的购置费以及其他费用）的概算书综合组成的。因此，单项工程综合概算书，应该按照整个工程项目编制，如一个车间、一个构筑物等。

单项工程综合概算从费用组成来看，包括：

(1) 建筑工程

① 一般土建工程；

② 卫生工程（给水、排水、采暖、通风工程）；

③ 工业管道工程；

④ 特殊构筑物工程；

⑤ 电气照明设备工程。

(2) 设备及安装工程

① 机械设备及安装工程；

② 电气设备及安装工程；

③ 自动控制装置及安装工程。

(3) 其他工程和费用

① 工具、器具等的购置费；

② 其他费用。

3.4.2 单项工程综合概算书的编制

(1) 编制说明

① 工程概况。介绍单项工程的生产能力和工程概貌。

② 编制依据。说明设计文件依据、定额依据、价格依据及费用指标依据等。

③ 编制方法。说明概算是根据概算定额、概算指标还是类似概算编制的。

④ 主要设备和材料的数量。说明主要机械设备、电气设备及主要建筑安装材料（水泥、钢材、木材）等的数量。

⑤ 其他相关的问题。

（2）综合概算表

综合概算表除了要将该单项工程所包括的所有单位工程概算（此部分费用也称为第一部分工程费用），按费用构成和项目划分填入表内外，还需要列出技术经济指标。

技术经济指标的计量单位可以根据房屋和构筑物及其各个单位工程的性质、类型和用途确定。

总的技术经济指标是该项工程所有技术经济指标的集中表现，也是评价该项工程设计经济合理性的最主要的指标。

3.4.3 其他工程和费用概算

其他工程和费用（此部分费用也称为第二部分工程费用）的主要内容有：土地征购费；建设场地原有建筑物及构筑物的拆除费、场地平整费（包括工业区和住宅区的垂直布置）；建设单位管理费、生产职工培训费；办公及生产用具购置费；工具、器具及生产用具购置费、联合试车费；场外道路维修费；建设场地清理费；施工单位转移费；临时设施费；冬（雨）季施工费、夜间施工费；远征工程增加费；因施工需要而增加的其他费用；材料差价；计划利润；不可预见工程费等。

下面对一些主要和常用的项目做一个简要介绍。

（1）土地征购费

指建设单位根据工程需要，经有关部门批准将土地作为工程用地在征用时支付的费用。费用计算的方法是按照土地原来的用途、土地等级确定每亩土地的征购费。

一般土地征购费由工程所在省、自治区、直辖市规定。

（2）处理建设场地各种障碍物的费用

指在建设场地上，所有原有的妨碍施工或影响建设的房屋、构筑物、坟墓等的处理费用，以及居民迁移、砍伐树木和青苗补偿等费用。

（3）建设场地平整费

指建设项目的施工现场为满足施工要求应达到"场地平整"所发生的费用。具体来说，它涵盖了为使场地的自然标高达到设计要求的高度，并在平整过程中建立必要的施工要求的供水、排水、供电、道路以及临时建筑等基础设施（即"三通一平"中的场地平整部分）所产生的费用。

（4）建设单位管理费

指建设单位为进行建设项目的筹建、建设和竣工验收前的准备工作所发生的管理费用，包括：工作人员工资、工资附加费、办公费、固定资产使用费、劳动保护费、招募生产工人费和其他管理费用性质的开支。

建设单位管理费，一般有两种计算方法：一是根据总概算第一部分价值乘以主管部门制订的费用标准（比例）计算；二是根据筹建机构的人数按每人每月规定的费用指标计算。

（5）工器具和备品备件购置费

指新建或扩建项目按照初步设计规定为生产准备所必须购置的不够固定资产标准的设备、仪器、器具、生产家具和备品备件的费用，应根据主管部门的费用指标计算。

（6）交通工具购置费

指新建单位，为生产和生活而必须配备的车、船等交通工具的购置费。

（7）生产职工培训费

指新建企业或新增生产工艺过程的扩建企业自行培训或委托其他企业培训技术人员、工人与管理人员所支出的费用。

编制概算时，根据主管部门规定的费用标准，计算每人的培训费或每人每月规定的培训费。

（8）联合试车费

指建设项目按设计要求全部竣工以后，在移交生产以前，对整个企业或独立生产系统的设备进行联合试运转所发生的费用。

联合试车费的计算方法大致有四种：一是按细则计算，即按燃料、电费、水费等分项相加；二是按机组数乘以每台机组试车费指标；三是按占建设项目工程投资额的比例计算；四是按占产品成本的比例计算。

（9）研究试验费

指为本建设项目提供或验证设计数据、资料进行必要的研究试验的费用，按照设计规定在施工过程中必须进行试验所需的费用，以及支付的科技成果、先进技术的一次性技术转让费。

概算编制一般按照设计提出的研究试验内容和要求进行。但研究试验费不包括下面所述的情况：

① 应由科技三项费用（即新产品试验费、中间试验费和重要科学研究补助费）开支的项目；

② 应由间接费开支的施工企业对建筑材料、构件和建筑物进行一般鉴定、检查所发生的费用及技术革新的研究试验费；

③ 应由勘察设计费、勘察设计单位的事业费或基本建设投资开支的项目。

（10）其他施工费用

包括施工机构迁移费、临时设施费、远征工程费、冬（雨）季施工增加费、施工单位劳保支出费、技术装备和法定利润等。

（11）勘察、设计、施工等管理及附加费用

① 勘察设计费包括委托勘察设计单位进行勘察设计时，按规定应支付的工程设计费；为本建设项目进行可行性研究而支付的费用；在规定范围内由建设单位自行勘察设计所需的费用。

② 建筑工程执照费指建设单位在申请建筑工程执照时，应当交付的建筑工程执照费和审照手续费。

③ 工程建设监理费指委托工程建设监理单位对工程在设计、施工、保修阶段实施监

理时，按规定应支付的工程建设监理费。

（12）不可预见的工程和费用

指在编制概算时难以预料、而在建设过程中又可能发生的增加工程和费用，主要内容包括：

① 由于设计变更而必须增加的工程和费用。

② 由于材料供应不符合设计要求而发生的材料差价。

③ 由于工资变动、设备及材料价格与竣工结算价格之间发生差价等方面的原因，所补充支出的费用。

此项费用，按概算第一、二部分工程费用合计的比例计算。

3.5　环境工程项目建设工程总概算

3.5.1　环境工程项目建设工程总概算的组成

环境工程项目建设工程总概算由工程费用项目和其他费用项目两部分组成。

3.5.1.1　工程费用项目

工程费用项目，包括建筑安装工程费和设备、工器具购置费（包括备品备件），具体包括以下各部分概算。

（1）主要生产项目综合概算

主要生产项目的内容，根据不同企业的性质和设计要求排列，如污水处理中的沉砂池、一次沉淀池、二次沉淀池等。

（2）辅助生产及服务用的工程项目综合概算

一般情况包括：

① 辅助生产的工程，如机修车间、化验间等。

② 仓库工程，如原料仓库、成品仓库、药品仓库等。

③ 服务用的工程，如办公楼、食堂、消防车库、门卫室等。

（3）动力系统工程综合概算

一般包括：场区内变电所、锅炉房、风机房、厂区室外照明和室外各种工业管道等项目。

（4）室外给水、排水、供热及其附属构筑物综合概算

一般包括：

① 室外给水。生产用给水、生活用给水、消防用给水、水泵房、加压泵站、水塔、水池等。

② 室外排水。生产废水、生活污水、雨水等的排放设备。

③ 热力管网。采暖用锅炉房、热力管网等。

（5）厂区整理及美化设施综合概算

如厂区大门、围墙、绿化、道路、建筑小品等。

3.5.1.2　其他费用项目

本部分内容已在上一节的"其他工程和费用概算"中做了较详细的说明，在此不再赘述。

3.5.2　总概算书的编制

总概算是确定某一建设项目从筹建开始到建成时全部建设费用的总文件，它是根据各单项工程综合概算以及其他工程和费用概算汇总编制而成的。

3.5.2.1　编制的准备工作

① 根据设计说明、总平面图和全部工程项目一览表等资料，对工程项目内容、性质、建设单位的要求，做一个概括性的了解，在此基础上拟出总概算的提纲，明确编制工作的主要内容、编制重点、编制步骤和审查方法。

② 根据已拟好的编制提纲，广泛收集基础资料（如定额、指标等），合理选用编制依据。

③ 编制或审查综合概算书以及其他工程和费用概算书。

3.5.2.2　总概算书的编制

总概算一般包括编制说明和总概算表两部分。

（1）编制说明

编制说明应对概算书编制时的有关情况进行总体说明，主要内容有：

① 工程概况。说明工程项目规模、范围、生产情况、产量、公用工程及场外工程的主要情况。

② 编制依据。说明设计文件依据、定额依据、价格依据及费用指标依据。

③ 编制方法。对运用各项依据进行编制的具体方法加以说明。

④ 经济分析。主要分析各项投资比例以及同类似工程的比较，分析投资高低的原因，说明该设计的经济合理性。

⑤ 主要设备和材料数量。

⑥ 其他有关问题。

（2）总概算表

总概算表是根据建设项目内各单项工程综合概算以及其他费用概算，按照国家有关规定编制的。主要内容包括：

① 按总体设计项目组成表，依次填入工程和费用名称，并将各单项工程概算及其他费用概算按其费用性质分别填入总概算表的有关栏内。

② 按栏分别汇总，依次求出各工程和费用的小计，第一、二部分费用的合计，总计和投资比例。

③ 计算技术经济指标。总概算表上的技术经济指标是根据单项工程综合概算表上所列的技术经济指标填入的。整个项目的技术经济指标应选择建设项目中最有代表性的和最能说明投资效果的指标填写。

④ 总概算表末尾还应列出"回收金额"项目。回收金额是指在施工过程中或施工完毕所获的各种收入。如：拆除房屋建筑物、旧机器设备的回收价值，试车的产品收入，建设过程中得到的副产品等。

3.6　环境工程项目建设概算的审查

3.6.1　审查设计概算的意义

设计概算是初步设计或扩大初步设计文件的重要组成部分。在报批或审批初步设计或扩大初步设计文件的同时，必须同时报批或审批设计概算。初步设计或扩大初步设计一经授权部门批准，该设计的概算就作为对该建设项目进行投资的依据，在一般情况下不得突破批准的设计概算。如果突破原批准的概算投资，需追加投资，必须由原报批单位补报审批手续。

设计概算的审查，是为了控制建设投资，防止出现初步设计总概算超过设计任务书的指标，施工预算超过设计概算，竣工决算又超过施工图预算的不正常现象。

审查概算不仅可以弥补概算编制质量不高的缺陷，还可以对建设项目的完整性、合理性、经济性进行评价，以达到投资不留缺口和投资省、效益高的目的。

3.6.2　审查工程概算的依据

(1) 国家、省（市）有关单位颁发的有关决定、通知、细则和文件规定等

这些文件通常涵盖了工程项目的政策法规、建设标准、投资控制要求等，是审查工程概算时必须遵循的基本准则。例如，国家可能发布的关于环保、节能、安全生产等方面的决定，直接影响工程项目的设计和概算；省（市）政府可能发布的关于地方特色工程、特殊补贴政策等的通知，也会对概算产生影响。此外，相关部门发布的实施细则和文件规定，为概算的具体编制和审查提供了操作指南。

（2）国家或省（市）颁发的现行有关取费标准或费用定额

取费标准和费用定额是确定工程项目各项费用（如人工费、材料费、机械使用费、间接费等）的重要依据。国家或省（市）会根据经济发展、物价变动等因素定期调整这些标准，审查概算时需确保所采用的取费标准和费用定额是最新的、符合当地政策要求的。

（3）国家或省（市）颁发的现行定额或补充定额

定额是计算工程量的基础，包括人工、材料、机械台班的消耗量等。国家或省（市）会根据技术进步、施工方法的改进等因素，定期修订定额，并可能针对特定类型的工程项目发布补充定额。审查概算时，需核实所采用的定额是否适用、准确，确保工程量的计算符合定额规定。

（4）经批准的地区材料预算价格或该工程所用的材料预算价格；本地区工资标准及机械台班费用标准

材料预算价格、工资标准和机械台班费用标准直接影响工程项目的成本。这些价格和标准会根据市场变化、地区差异等因素进行调整。审查概算时，需核对所采用的价格和标准是否反映了当前市场情况，是否考虑了地区差异，以确保概算的合理性。

（5）初步设计或扩大初步设计图纸、说明书

设计图纸和说明书是工程概算编制的直接依据，包含了工程项目的规模、结构、功能、技术要求等信息。审查概算时，需仔细核对设计图纸和说明书，确保概算与设计要求一致，避免漏项或超支。

（6）经批准的地区单位估价表或汇总表

单位估价表或汇总表是计算工程项目费用的重要工具，通常包含了各类工程项目的单价和总价。审查概算时，需核实所采用的单位估价表或汇总表是否经过批准、是否适用当前工程项目，以确保概算的准确性。

（7）有关该工程的调查资料，包括地质钻探、水文、气象等原始资料

这些资料对于理解工程项目的地质条件、环境条件等至关重要，直接影响工程项目的设计和概算。例如，地质钻探资料可能揭示地下水位、土层分布等信息，影响基础设计和施工费用；水文气象资料可能影响排水、防洪等工程措施的设计。审查概算时，需充分考虑这些原始资料，确保概算与实际情况相符。

3.6.3 设计概算的审查内容

设计概算着重审查下列内容：

（1）概算编制是否符合规定的政策要求

这包括检查概算是否遵循了国家现行的工程造价政策、法规以及相关的行业标准，确保概算的编制过程合法合规，没有违反任何政策性的规定。

（2）审核概算文件的组成

概算文件反映的设计内容必须完整。概算包括的工程项目，必须按照设计要求来确定，不漏项、不重项。概算投资应包括工程项目从筹建到竣工投产的全部建设费用。

概算编制的依据和采用的定额标准、材料设备价格以及各项取费标准，都应符合有关规定。

（3）审核设计

主要包括总图设计审查和生产工艺流程审查。

总图布置应根据生产和工艺的要求做全面规划，力求紧凑合理。厂区运输和仓库布置要避免迂回往返运输。分期建设的工程项目要结合总体长远规划，统筹考虑，合理安排，并留有发展余地。总图占地面积应符合"规划指标"要求。对分期建设的用地，原则上应分次征用，以节约投资。

工程项目要按照生产要求和工艺流程合理安排，各主要生产车间的工艺生产要形成合理的流水线，避免工艺倒流，造成生产运输和管理上的困难和财力、物力上的浪费。

（4）投资经济效果审核

概算是设计的经济反映，对投资经济效果要做全面的综合性的评价，不单纯看投资多少，要看宏观的社会经济效益和微观的项目经济效果。

（5）具体项目的审核

① 审核各种经济技术指标。审核各种技术经济指标是否合理，与同类工程的经济指标对比，分析其高低原因。

② 审查建筑工程费。先审核生产性建筑和非生产性建筑的面积和造价，然后审查主要构件和成品的制作和安装费。

③ 审查设备及安装费。审查设备数量和规格是否符合设计要求，各费用的计算要符合规定。

④ 审查其他费用。审查各项费用的计算是否符合有关规定。

3.6.4　审查设计概算形式和方法

（1）审查设计概算的形式

设计概算是初步设计或扩大初步设计文件的组成部分，审查设计概算并不仅仅是审查概算，同时还需审查设计。在一般情况下，由建设项目的主管部门组织建设单位、设计单位、建设银行等有关部门，采用会审的形式进行审查，既审设计，又审概算。对设计和概算的修改，往往是通过主管部门的文件批复予以认定的。

（2）审查设计概算的方法

审查设计概算是一项复杂而细致的技术经济工作，既要懂得有关专业的生产技术知识，又要懂得工程技术和工程概算知识，还需掌握投资经济管理、银行金融等多学科知识。下面介绍一些具体审查方法：

① 熟悉情况，掌握数据。弄清建设规模、设计能力和工艺流程。审阅设计图纸和说明书，进一步弄清建设内容与概算费用构成及各项技术经济指标的关系、概算表格与设计文字之间的关系。

② 进行经济对比分析，找出差距。利用已收集的概算或指标以及有关技术经济指标与设计概算进行对比分析。

③ 广泛开展技术咨询，依靠各行各业专家、技术人员、管理人员做好概算审查工作。

④ 注重调查研究，适应技术进步和市场变化的形势。

⑤ 建立健全资料的收集、整理、研究工作，不断提高审查水平。

思考题

3-1　案例分析：某污水处理厂建设工程概算编制时，发现设计图纸中管道材料规格与定额标准不符。请提出解决此问题的思路。

3-2　结合实例说明建设工程总概算在项目投资控制中的重要性。

在线习题

在线习题

第4章
工程建设施工图预算

理解工程建设施工图预算的基本概念和作用。

掌握一般土建工程施工图预算的编制方法。

熟悉环境工程安装工程施工图预算的特点和流程。

能够进行环境工程单项工程综合预算的编制。

了解工程施工图预算审查的重要性和步骤。

4.1 概述

4.1.1 施工图预算的基本概念

施工图预算是拟建工程概算的具体化文件，是根据已批准的施工图设计、施工组织设计等文件、建筑工程或设备安装工程预算定额、工程量计算规则以及各种费用的取费标准等编制的单位工程建设费用文件。它又是单项工程综合预算的文件。因此，施工图预算也称作单位工程预算。

施工图预算造价可以理解为建筑产品价格，相当于生产厂的产品价格，其不同点在于，生产厂对某一种产品只需要编制一种价格。而建设工程因其生产特点，不同建设项目采用的图纸各异，故需按不同的工程分别计算分部分项工程量和逐项套用预算定额单价，然后累计其全部直接费，并计算其他费用，汇总出单位工程及单项工程造价。同时，做出工料分析。

4.1.2　编制施工图预算的依据

（1）施工图纸和说明书

经审批的施工图纸和说明书，是编制预算的主要工作对象和依据。但施工图纸必须经过建设、设计和施工单位共同会审确定后，才能进行预算编制。

（2）现行预算定额、地区材料预算价格表

现行建筑工程预算定额是编制预算的基础资料，编制工程预算必须以预算定额为标准和依据。

（3）地区单位估价表或单位估价汇总表

地区单位估价表是根据现行预算定额、该地区工人工资标准、施工机械台班使用定额和材料预算价格表等进行编制的。根据地区单位估价表，可以直接查出工程项目所需的人工、材料、机械台班使用费及其分项工程的单价。

（4）施工组织设计或施工方案

施工组织设计或施工方案，是工程施工中的重要文件，它对工程施工方法、材料、构件的加工和堆放地点都有明确的规定。这些资料直接影响工程量计算和预算单价选套。

（5）工具书及有关手册

预算工作手册、材料手册可以简化计算、加快预算编制速度、减少编制工作量。

（6）施工合同和施工协议

通过合同或协议明确甲、乙双方的责任关系。

（7）上级部门的有关规定或指令性文件

上级部门关于工程造价管理的规定包括：对工程造价的计算方法、计价依据、费用构成等方面的具体规定。

上级部门对特定项目的指令性文件，如针对特定项目下达的投资计划、建设规模、建设标准等指令性要求，对施工图预算的编制具有直接的指导作用。

4.1.3　施工图预算的内容和作用

（1）施工图预算的内容

施工图预算是根据施工图设计的工程量、施工组织设计、现行建筑工程预算定额及取费标准、建筑材料预算价格和国家规定的其他取费标准，进行计算和编制的单位工程和单项工程建设费用文件。

单位工程设计预算的编制内容，必须反映该单位工程的各分部分项工程的名称、定额编号（或单位估价号）、工程量、单价及合价、单位工程的直接费、间接费、独立费及其他费用。此外，还应有补充单价分析。

编制预算，必须深入现场进行充分的调查研究，使预算的内容既能反映实际，又能适应施工管理工作的需要。

（2）施工图预算的作用

① 施工图预算保持了设计文件的完整性。在工程设计的每一阶段，都必须有技术性和经济性的设计文件。设计成果本身就是技术与经济的结晶，估算、概算、预算造价都应是最优化设计的货币体现，两者缺一不可。如果设计单位不编制设计预算，工程设计的最后阶段施工图设计的经济合理性就无法得到准确体现。这样设计概算和标底之间和承包合同价之间就会失去有机的联系，不能相互衔接，建设单位对工程建设全过程的造价控制实际上就产生了脱节。

② 施工图预算是设计单位发展的需要。设计是工程建设的灵魂，起着举足轻重的作用。设计单位在竞争中要生存、发展，就要设计出技术水平高、经济效益显著、具有现代化水平的设计；就要不断提高自身的素质，树立为用户精心设计和服务的精神。设计估算、概算预算都是工程设计的重要组成部分，它们的编制质量与现代化设计水平之间有着极为密切的关系。多年来，基本建设项目超投资的原因是多方面的，从设计单位自身来分析，估算、概算的编制质量是一个非常重要的因素。

③ 施工图预算能控制工程造价。编制施工图预算能验证概算对工程造价的控制程度。施工图设计预算运用"量""价"关系计算出工程设计最后阶段的造价，其合理程度能反映出设计规模、设计方案、总平面布置、工艺流程、设备选型、建筑标准等方面是否和初步设计文件相一致；总造价、单项工程综合造价、单位工程造价是否超过概算的投资控制额，是否得到有效控制。如果造价有较大超出，就要做具体的分析，找出超概算的原因。如果原概算确实偏低，就需要对原概算给予调整。如果施工图设计超出初步设计的原则和指导思想，那么就应该对施工图进行修改，把施工图阶段的工程造价严格地控制在批复的概算控制投资以内。

④ 施工图预算能验证概算投资情况。在初步设计阶段，概算投资作为工程项目经济评价的参数，经专业人员按现行的财税制度和价格体系，计算项目的经济效益和费用、财务内部收益率、投资回收期、财务净现值等经济指标，可用来考核项目的盈利状况和还贷能力。按概算造价合理计算出的内部收益率高于行业基准收益率，即认为盈余能力已满足基本要求，在财务上是可以接受的。在敏感性分析中，造价增加一定幅度对内部收益率有一定影响，但仍高于基准收益率，故能满足要求。如果不编制施工图预算，施工图阶段的总造价不清，当项目实施过程中由于种种原因造价有较大幅度的增加，势必影响项目的评价结果，一个较好的项目有可能变成一个较差的项目，使企业的经济效益下降，返本年限拖长，并背上沉重的负担，给企业的生存和发展带来不良后果。如果编制了设计预算，发现概算失去了控制，可及时采取措施，降低造价，保证项目建成后企业各经济指标得以实现。

⑤ 科学的设计预算是制订标底的基础。施工图预算在现阶段是代表国家给工程项目定价的。设计单位应站在国家立场上，为建设单位服务，严格遵守党和国家有关的基本建设方针、技术与经济政策，严格遵守设计规程、规范、定额、标准。在建设项目设计预算编制工作开始时，都要向单位的最高技术与经济管理部门提交开工报告，经审定后方可开展。在开

工报告中，编制设计预算的工程总负责人就拟定了编制设计预算的原则和指导思想、编制的工作内容和深度、编制的各种依据和要求、建安工程造价计算程序、编制的其他有关具体问题和编制进度计划等。而且公正、科学的设计预算为建设单位进行全过程的造价管理提供了可靠的依据。设计预算把设计和施工有机地结合起来，当建设单位组织工程招标、投标时，施工图预算可作为制订标底的基础和依据。无设计预算的建设单位，则要另外制订标底，其制订标底的能力、时间、人员配置和资料依据远比不上设计单位在这方面的优势。

⑥ 施工图预算可推动设计与工程造价管理。编制施工图预算可为完成设计任务和提高效益做贡献。施工图预算是工程设计的后部工序，预算的计划管理能够推动工程总进度计划的进程，能够推动全面质量管理工作的贯彻执行。这是因为设计单位的工程造价人员最了解设计，与专业设计人员有密切的合作关系，工程造价人员能首先发现图纸中的各种问题，能及时向专业设计人员反馈信息，并提出处理意见。设计人员又能以设计变更的方式将信息提供给建设单位和施工企业，保证施工能顺利进行。施工图预算可以考核估算、概算的编制质量，发现估算、概算编制中的编制难点，以便在下一个工程设计中予以重视。施工图预算的编制便于工程造价人员了解设计，有助于设计阶段的方案比较和信息反馈。编制施工图预算可以锻炼队伍，提高工程造价人员的业务素质和编制能力。

4.2　一般土建工程施工图预算

4.2.1　编制单位工程预算的方法

编制单位工程预算的方法通常有实物法和单位估价法，详见 2.2.2.3 节。

4.2.2　编制单位工程施工图预算的步骤

单位工程施工图预算多由施工单位负责编制。当编制条件具备后，按照编制预算的程序和施工方法，在规定时间内以单位工程为基础进行编制，预算编制程序如下。

(1) 收集资料

如预算定额、单位估价表、材料预算价格、机械台班费、各种费用定额、标准图籍和图纸等。

(2) 熟悉施工图纸

施工图纸是编制预算的基本依据。预算人员在编制预算前，首先应熟悉施工图纸，对建筑物的构造、平面布置、结构类型、应用材料以及图注尺寸、说明及构配件的选用等方面的熟悉程度，将直接影响能否准确、全面、快速地编制预算。

只有对设计图纸较全面详细地了解之后，才能结合预算定额项目的划分原则，正确而全面地分析该工程中各分部分项的工程项目，也才可能有步骤地按照既定的工程项目，计算其工程量并正确地计算出工程造价。同时也可以发现图纸上的不合理和错误的地方，使设计人员能及时地修改。

（3）了解现场情况

为了编制符合施工实际的单位工程预算，需要深入施工现场，了解与掌握现场情况，了解施工条件、施工方法、技术组织措施、施工设备和器材供应情况。如了解施工现场的地质条件、土质情况、周围环境、土方工程是用机械施工还是人工施工、钢筋混凝土工程是就地制作还是预制等。了解了施工现场的情况后，就能正确地确定工程项目的单价。

（4）熟悉预算定额（或单位估价表）和施工组织设计资料

预算定额（或单位估价表）是编制工程预算的基础资料和主要依据。在每一单位工程中，分项分部工程项目的单位预算价值和人工、材料、机械台班使用消耗量，都是依据预算定额（或单位估价表）确定的。因此在编制预算之前，必须熟悉预算定额的内容、形式和使用方法，才能在编制预算过程中正确应用，从而结合施工图纸，迅速而准确地确定其相应一致的工程项目和计算工程量。

定额套用时，应特别注意以下一些问题。总的要求是要根据施工图纸、施工说明，正确地选定套用项目，达到不漏算和不多算项目。基本原则是工程项目的内容要与套用的定额项目相等。为此，在根据施工图纸选用定额项目时，必须对照分析定额中工程项目的名称、规格、材料、做法等，并按分部说明中的工程内容来检验。

（5）确定工程量计算的项目

在计算工程量时所划分的项目，主要取决于施工图纸、施工组织设计所规定的施工方法以及预算定额所规定的工程内容。项目的内容必须与预算定额所规定的内容一致，项目的排列顺序和计量单位，通常也同预算定额相一致，这样可以避免重项或漏项，有利于选套定额和确定单价。

（6）计算工程量

工程量是编制预算的原始数据，也是一项工作量大，而又要求细致的工作。工程量计算的精确程度和快慢，都直接影响着预算编制的质量和速度。工程量计算一般要注意以下几点。

① 必须在熟悉和审查图纸的基础上进行，严格按照定额规定和工程量计算规则，结合施工图纸所注位置与尺寸进行计算。

② 数字计算要准确，计算的精确程度，要求达到小数点后三位，在汇总时，以小数点后两位为准。但对土方和粉刷等工程，则可取整数。

③ 计算时要防止重复和漏算。在计算之前，可根据施工图纸，依照施工步骤列出工程项目，依次序进行计算。在计算过程中，随时补充缺少的项目。

④ 按统一顺序计算。对于每一个工程项目，要按照统一的顺序进行计算，一般有按顺时针方向计算、按"先横后直"计算、按图编号顺序计算和按轴线编号计算等几种方法。

（7）确定工程单价

① 选套预算定额，确定工程单价

确定工程单价时，通常可能出现以下情况：

a. 当计算项目的工程内容与预算定额所规定的工程内容一致时，可以直接选套预算定额的单价；

b. 当计算项目的工程内容与预算定额所规定的工程内容不完全一致，而定额规定允许换算时，应该按照规定的换算方法，进行定额单价换算；

c. 当计算项目的工程内容与预算定额所规定的工程内容不一致，而定额规定又不允许换算时，应该按照编制补充预算定额或补充单位估价表的原则和要求，重新编制补充定额或补充单位估价表，并应报请当地主管机关批准后，作为一次性定额纳入预算文件。

② 填列工程单价

填列工程预算单价时，一般是按照预算定额顺序或施工顺序，在建筑安装工程预算表上，逐项进行填列。由于进行经济分析的需要，还要按分部工程进行小计。

（8）计算工程预算造价

① 计算工程直接费

工程直接费按下式计算：

工程直接费（或人工费）＝$\sum$（预算定额单价×分项工程量）＋其他直接费

② 计算间接费

间接费由施工管理费和其他间接费组成。

a. 计算施工管理费

（a）确定施工管理费的计算基础

施工管理费的计算基础通常有：工程直接费和人工费以及其他计算基础。

按照工程直接费计取施工管理费的单位工程有：一般土建工程、预制构件制作、预制构件运输及安装、打桩工程、道路工程，以及采用机械施工的独立土石方工程。

按照人工费计取施工管理费的单位工程有：采用人工施工的独立土石方工程、卫生工程、电气照明工程、工业及市政管道工程、房屋修缮工程。

（b）施工管理费的计算方法

施工管理费＝工程直接费（或人工费）×施工管理费率

b. 计算其他间接费。其他间接费包括：临时设施费、劳保支出、施工队伍调遣费。

（a）确定其他间接费的计算基础

其他间接费的计算基础通常是：建筑工程以直接费或人工费为基础；安装工程以人工费为基础。

（b）其他间接费的计算方法

其他间接费＝工程直接费（或其他计算基础）×其他间接费率

③ 计算法定利润

法定利润是指施工单位按照国家规定的法定利润率计取的利润。

a. 确定法定利润的计算基础

法定利润的计算基础为：直接费＋间接费。

b. 法定利润的计算方法

法定利润＝（直接费＋间接费）×法定利润率

④ 确定土建工程预算造价

一般土建工程的预算造价由下式计算：

$$工程预算造价＝直接费＋间接费＋法定利润$$

(9) 土建工程预算造价的技术经济指标

一般土建工程预算造价确定之后，可根据工程的类别，分别按不同的计量单位计算技术经济指标，公式如下：

$$技术经济指标＝\frac{工程预算造价}{规定计量单位的工程量}$$

(10) 一般土建工程预算的工料分析

工料分析是单位工程预算的重要组成部分之一。它是施工企业进行内部经济核算，实现经济管理目标的重要措施。

4.2.3　单位工程施工图预算的工料分析

(1) 工料分析的作用和内容

① 工料分析的作用

单位工程施工图预算工料分析的作用在于：它是签发施工任务单、考核人工材料消耗状况、开展班组经济核算的依据，它也是编制单位工程劳动力需要量计划和材料需要量计划的依据，还是施工图预算和施工预算进行"两算"对比的依据。

② 工料分析的内容

工料分析的内容通常是，以分部工程为对象编制的工料分析表和以单位工程为对象编制的工料汇总表。

(2) 工料分析的步骤和方法

① 分项工程的工料分析。首先从预算定额中查出该分项工程各种工料的单位定额用工、用料数量，然后分别乘以该分项工程的工程量，就得到相应工种的工日消耗量以及不同材料的消耗量。可按下式计算：

$$人工用量＝工种工时消耗定额×分项工程量$$
$$材料用量＝某种材料消耗定额×分项工程量$$

② 编制分部工程的工料分析表。每个分部工程的工、料消耗量确定之后，就应该以分部工程为对象进行汇总，编制出如表 4-1 所示的分部工程工料分析表。

表 4-1　分部工程工料分析表

序号	定额编号	分部分项工程名称	单位	工程量	工日			材料	
					…工	…工	…工	…(单位)	…(单位)
					定额　合计	定额　合计	定额　合计	定额　合计	定额　合计

③ 单位工程工料分析汇总表的编制。根据单位工程各个分部工程的工料合计数进行汇集得到工料汇集数据，分别填入单位工程人工分析汇总表和单位工程材料分析汇总表中，如表 4-2 和表 4-3 所示，可知，单位工程工料分析汇总表是施工企业编制劳动力、材料需要量计划的依据。

表 4-2　单位工程人工分析汇总表

序号	工种名称	工日数	备注
1	瓦工		
2	木工		
3			

表 4-3　单位工程材料分析汇总表

序号	材料名称	规格	单位	数量	备注
1	红砖		千块		
2	砂浆				
3					

4.3　环境工程安装工程施工图预算

通常说的设备安装指两个内容，一个内容指直接生产各种产品的机械设备安装，另一个内容指与建筑物有直接联系的设备安装。

4.3.1　工艺管道工程

(1) 工艺管道定额的适用范围

工艺管道定额主要适用于工业与民用建筑的新建和扩建的安装工程项目，不适用于改建和修理工程项目及超高压管道工程。其主要内容和适用范围为：

① 厂区范围内的车间、装置、站、罐区及其相互之间输送各种生产用介质的管道。

② 厂区范围外距离在 10km 以内的各种生产用介质输送管道。

③ 场区内第一个连接点以内的生产用、生产和生活共用的给水、排水、蒸汽、煤气输送管道；民用建筑中的锅炉房、泵房、冷冻机房等的工艺管道。给水以第一个入口水表井为界，排水以厂围墙外第一个污水井为界；蒸汽和煤气以第一个计量表（阀门）为界，锅炉房、泵房、冷冻机房则以墙外 1.5m 为界。

(2) 工艺管道工程量的计算

工艺管道工程量的计算主要包括：管道安装，管件的连接与制作，阀门安装，法兰安装，板卷管制作，管架、金属构件制作与安装，管道焊缝等内容。

4.3.2 给排水工程

4.3.2.1 给排水工程组成

由取水、输水、净水和配水管网，将符合生产或生活质量标准的清洁用水，送到各个用户的全部过程，称为给水。

将城市及工矿区排出的生活污水、生产废水和雨水集中并输送到适当的地点，经过净化处理后，使之达到环境保护的要求，称为排水。

（1）工业给水

① 水源地工程，包括取水井、相应配套的水工构筑物、取水管道和取水泵房等。

② 净水工程，包括清水池、水处理设备、水分析设备、排污管道等。

③ 水厂供水管道，是由水源地输向水泵房，继续至厂区储水池之间的管道敷设，包括中间泵站。

④ 全厂供水管网，包括厂区供水泵房，及至全厂各车间（装置）的管网敷设。

⑤ 循环水工程，包括循环水设备、凉水塔或冷却水池以及循环管道。

⑥ 其他，如消防水管道和消火栓等。

（2）工业排水

① 污水处理，包括分离池和排污泵房和排污池等。

② 排污管道，包括排污管道敷设和污水井等。

（3）民用给排水

包括给水系统设备和管道安装，如水表及水嘴安装、水箱安装、室内卫生设备及其他零星构件安装；排水系统，如排水管道、化粪池和泵设备安装等。

给排水施工图，分为室内给排水和室外给排水两部分。室内部分，表示一幢建筑物的给排水工程，包括平面图、立剖面图和详图。室外部分，表示单独构筑物的给排水工程，如泵房、水塔和水池等。分别设计，按土建和设备安装编制预算。

根据设计和施工习惯，按室内和室外分别编制预算。

室内外给水管道，以建筑物外墙皮或装置区的边界线外 1m 为分界。

室内外排水管道，以建筑物或装置区外的第一个检查井为分界。

给排水常用的材料、设备分为四类：管材、管件、阀门和卫生设备。

4.3.2.2 给排水工程施工图预算书的编制依据

给排水工程施工图预算书的编制依据主要是：

（1）施工图纸

经过会审后的给排水工程施工图是计算给排水工程工程量的主要依据，也是编制施工图预算的基础资料之一。

（2）预算定额

国家颁发的管道安装工程预算定额、机械设备安装工程预算定额、刷油保温防腐蚀工程预算定额等，是编制给排水工程施工图预算的主要依据。它确定了分项工程项目的划分、计量单位和规定了工程量计算规则等，为计算工程量和编制预算提供了重要依据。

（3）单位估价表和补充单位估价表

单位估价表和补充单位估价表，为编制预算提供了各分项工程的单价资料，是计算直接费必不可少的基础资料。

（4）安装工程费用取费标准

建筑安装工程费用取费标准，是计算间接费的依据。而直接费、间接费和法定利润，则是计算工程造价的依据。

（5）材料预算价格表

材料预算价格表是编制施工图预算，进行材料价格换算的必需资料之一。

4.3.2.3　给排水工程施工图预算书的编制步骤

给排水工程施工图预算书的编制步骤，大体上与土建工程施工图预算书的编制步骤相同。编制步骤大致如下：

（1）熟悉和审核施工图

在编制给排水工程施工图预算时，首先要熟悉施工图纸，了解工程全貌。同时，要深入现场，了解管道沟开挖的断面和沟底工作面的大小、放坡的坡度和土壤类别等实际情况，在编制预算中加以充分考虑，使预算更加切合实际。

（2）计算工程量

给排水工程工程量计算得是否准确，将直接影响给排水工程施工图预算的质量，因此必须要充分保证工程量计算的准确性。同时，要按预算定额所划分的分项工程项目、计量单位和工程量的计算规则等，按照一定的顺序，计算和汇总各分项工程的工程量。

（3）计算直接费

在计算和汇总工程量的基础上，按预算定额中分项工程的排列顺序，依次选套相应的预算单价，并逐项计算出分项工程的价值，将所有的价值加起来便可得出直接费。要充分注意预算定额中的有关规定和说明，避免漏项。工程直接费可根据下式计算：

$$工程直接费 = \sum(预算单价 \times 分项工程数量)$$

（4）计算施工管理费、其他间接费和法定利润

在计算出总的直接费和人工工资总额的基础上，根据政府所颁发的间接费费用取费标准和法定利润等规定，分别计算出间接费和法定利润。计算方法同土建间接费和法定利润的计算。

施工管理费率、其他间接费费用取费标准和法定利润率的选取，应根据地区的划分、企业的管理体制和工程的适用范围等因素加以选取。

（5）计算工程预算造价

计算出总的直接费、间接费和法定利润后，将它们进行加和，便可得出工程预算造价。为了进行技术经济分析，还应该计算出技术经济指标，如将工程预算造价除以建筑面积，即可求出每平方米建筑面积的给排水工程造价等。

4.3.2.4　给排水工程施工图预算书的组成

通常情况下的给排水工程施工图预算书由以下几部分组成：

① 编制依据；

② 工程说明；

③ 工程量计算表；

④ 主要材料明细表；

⑤ 工程预算表。

4.3.3　电气安装工程

（1）电气安装工程组成

电气安装工程可以包括整个电力系统或其中的一部分，其主要项目组成如下：

① 变配电设备。变配电设备是用来变换电源和分配电能的电气装置。变电所中的用电设备大多数是成套的定型设备，包括变压器、高低压开关设备、保护电器、测量仪表及连接母线等。

② 蓄电池及整流装置。工厂内所用蓄电池，可作为厂内的电话通信、开关操作、继电保护、信号控制、事故照明等的直流电源。整流装置是将交流电转换成直流电的电气装置。

③ 架空线路。电能远距离输送，一般采用架空电力外线。外线工程分高压和低压两种，由电杆和导线组成。

④ 电缆。将一根或数根相互绝缘的导线综合而成的线芯，裹以相应的绝缘层以后，外面包上密闭的包布形成的导线，称为电缆。电缆分为电力电缆、控制电缆、电话电缆三种。

⑤ 防雷及接地装置。防雷及接地装置，是指建筑物、构筑物的防雷接地，变配电系统接地和车间接地，设备接地以及避雷针的接地装置等。包括接地极、避雷针的制作安装，接地母线，避雷引下线和避雷网等。

⑥ 照明。照明包括灯具安装和线路敷设。

⑦ 配管配线。配管配线是指把供电线路和控制线路由配电箱接到用电器具上的管线安装，分明配和暗配两种。

⑧ 动力安装。动力安装是指高低压电动机及动力配电设备的安装。

⑨ 起重设备电气装置。起重设备电气装置是指桥式起重机、电动葫芦等起重设备的电气装置的安装。

⑩ 电气设备试验调整。安装的电气设备，在送电运行之前，要进行严格的运行试验

和调整。一般在安装前进行单体试验，安装后进行系统试验调整。

⑪ 辅助项目。辅助项目中，主要包括自制的非标准的盘、箱、板和母线夹具，以及金属支架制作安装。

（2）电气工程施工图预算书的编制依据和步骤

电气工程施工图预算书的编制依据和步骤同"给排水工程"施工图预算书的编制依据和步骤大体相同，可参考编制。

4.4　环境工程单项工程综合预算

4.4.1　概述

综合预算是确定单项工程全部建设费用的综合性预算文件。它是根据构成该单项工程的各个单位工程预算以及其他工程和费用编制的，因此它包括了单项工程整个建造过程所需要的全部建设费用。

对于编制总概算的建设项目，其单项工程的综合预算，不包括其他工程和费用。

4.4.2　综合预算的作用

① 综合预算是确定设计方案经济合理性的依据。根据单项工程综合预算价值所确定的技术经济指标，不仅可以表达新建企业单位生产能力投资额的大小，而且可以据此表达新建工程单位服务能力投资额的大小。通过这些技术经济指标，就能够对设计方案进行技术经济评价，比较其合理性、先进性和可行性。

② 综合预算是建设单位编制主要材料申请计划和设备订货的依据。

③ 经过批准的单项工程综合预算是建设银行控制其贷款的依据。

④ 综合预算的准确性直接影响单项工程的投资数额及其经济效果。综合预算是以单项工程为对象编制的，编制的准确与否，不仅影响该单项工程的建设费用和投资效果，而且对于编制总概算的建设项目，还将影响整个建设项目的建设费用和投资效果。

4.4.3　综合预算的内容

综合预算的内容，通常包括编制说明、综合预算表及其所附的单位工程预算表。对于编制总概算的建设项目，其单项工程综合预算可以不附编制说明。

4.4.3.1 编制说明

编制说明，通常列于综合预算表的前面，其内容包括：

① 主管机关的批示和规定、单项工程的设计文件、预算定额、材料预算价格、设备预算价格和有关的费用指标等各项编制依据；

② 主要建筑材料的数量，以及主要机械设备和电气设备的数量；

③ 其他有关问题。

4.4.3.2 综合预算表

（1）民用建设项目的单项工程

① 建筑工程费用。建筑工程费用包括一般土建工程、采暖工程、给排水工程、通风工程和电气照明工程。

② 工程建设其他费用。工程建设其他费用包括除了与工业生产项目有关的费用项目以外的一切工程建设其他费用。

③ 预备费。预备费包括与民用建筑项目有关的一些预备费用。

综合预算表内，所列的单位工程与其他工程和费用项目的多少，取决于工程的建设规模、性质、设计要求和建设的条件等各方面因素。

（2）工业建设的单项工程

① 建筑工程费用一般包括土建工程、采暖工程、给排水工程、通风工程、工业管道工程、电气照明工程和特殊构筑物工程的费用。

② 设备及其安装工程费用包括机械设备及其安装工程、电气设备及其安装工程的费用。

③ 设备购置费用。设备购置费用包括该单项工程所必需的全部机械设备和电气设备的购置费，该项费用通常列入设备及其安装工程费用之中。

④ 工器具及生产家具购置费用。工器具及生产家具购置费用是新建项目为保证初期正常生产所必须购置的第一套不够固定资产标准的设备、仪器、工卡模具和器具等的费用，不包括备品备件的购置费。

⑤ 工程建设其他费用。工程建设其他费用包括除建筑安装工程费用和设备、工器具购置费以外的一些费用，如土地、青苗等的补偿费。

⑥ 预备费。预备费是指在初步设计和概算中，难以预料的工程和费用，其中包括实行按施工图预算加系数包干的预算包干费用，其主要用途如：在进行技术设计、施工设计和施工过程中，在批准的初步设计和概算范围内所增加的工程和费用；由于一般自然灾害所造成的损失和预防自然灾害所采取的措施费用；设备和材料差价；在上级主管部门组织竣工验收时，验收委员会为鉴定工程质量，必须开挖和修复隐蔽工程的费用。

通常，预备费以"单项工程费用"总计与工程建设其他费用之和，按照规定的预备费率计算；引进技术和进口设备项目，应按国内配套部分费用计算；施工图预算包干系数，以直接费与间接费之和为基础计算。

第4章

4.5　工程施工图预算的审查

4.5.1　审查工程预算的意义

　　工程预算是根据工程设计图纸（施工图）、预算定额、费用标准计算的工程造价文件，审查工程预算就是对工程造价的确认。经审定的施工图预算，是确定的工程预算造价，是签订建筑安装工程合同、办理工程拨款和结算的依据。

　　工程预算是确定工程造价的文件，它由施工企业编制。

　　在预算审查过程中，必须做好预算的定案工作。定案，就是把审查中发现的问题，经过原编制单位和有关单位共同研究，得出一致的结论，然后据以修正原来的预算。做好审查预算的定案工作，是提高预算文件的质量、正确确定工程造价、巩固审查成果的重要环节。

4.5.2　一般土建工程施工图预算的审查

4.5.2.1　审查的主要内容

　　环境工程造价是由直接费、间接费、利润和税金四部分费用组成的。其中直接费是预算所列各分部分项工程的工程量乘以相应的定额单价所得的积，经累加而得的。间接费、利润和税金是以直接费或人工费或直接费加间接费或直接费加间接费加利润之和乘以一定的比率而得的。因此，在工程预算中，工程量是确定工程造价的决定因素。工程量的大小，与直接费大小成正比，与工程造价成正比。审查环境工程预算，主要就是审查其工程量，审查其所用的定额单价，同时也要审查各项费用标准。

（1）审查工程量

　　对工程预算中的工程量，可根据设计或施工单位编制的工程量计算表，并对照施工图纸尺寸进行审查。主要审查其工程量是否有漏项、重算和错算。审查工程量的项目时，要抓住那些占预算价值比例比较大的重点项目进行。例如对砖石工程，钢筋混凝土工程，金属工程，层、地面工程等分部工程，应做详细校对，其他分部工程可只做一般的审查。同时要注意各分部工程项目构配件的名称、规格、计量单位和数量是否与设计要求及施工规定相符合。为了审查工程量，要求审查人员必须熟悉设计图纸、预算定额和工程量计算规则。

　　① 审查项目是否齐全，有否漏项或重复

　　综合预算定额是在预算定额基础上扩大、综合、简化而成的，因此要了解综合预算定额的工作内容，防止漏项或重复计算工程项目。如：

桩承台基础已考虑了桩顶挖土、凿桩和焊接等工作内容，不能重复计算凿桩、桩顶挖土等项目，凿桩超过 50cm 的可另按截桩子目计算。凿桩、截桩、桩顶挖土等项目，是专为非桩承台基础下有预制桩时设立的。

依附在框架内外墙内的混凝土柱、梁，其粉刷已在相应墙内计算，不得重复计算。

预制钢筋混凝土构件已包括预埋铁件，不得另立项计算；现浇钢筋混凝土构件未包括预埋铁件，如设计需要预埋铁件，可另立项计算。

屋面防潮层已包括伸缩缝和铸铁落水头子、水斗，不得重复计算；相反，若屋面采用两种不同材料的防潮层，则应扣除其中任一种防潮层中所含伸缩缝、铸铁落水头子、水斗的含量。

屋面"二毡三油"已包括刷冷底子油两遍，不能另行计算刷冷底子油费用。

② 审查工程量，尤其是计算规则容易混淆的部位

综合预算定额的工程量计算规则已大大简化了，许多项目工程量是按建筑面积、投影面积计算，但也有部分项目工程量仍按净面积、实铺面积或展开面积计算，一定要分清，不能混淆。如：平整场地、室内回填土、垫层、找平层、各种面层及楼板均按建筑面积计算，而楼地面防潮层按实铺面积计算；屋面防潮层按屋面水平投影面积计算（包括檐口部分）；屋面架空混凝土板隔热层按实铺面积计算；屋面板均按屋面水平投影面积计算，有挑檐者再乘以 1.05 的系数，坡屋面则再乘以坡度系数；檐口壁的高度超过 40cm 时，超过部分按实际面积套栏板定额计算。

（2）审查定额单价

① 审查预算书中单价是否正确应着重审查预算书上所列的工程名称、种类、规格、计量单位，审查与预算定额或单位估价表上所列的内容是否一致。如果一致时才能套用，否则套错单价，就会影响直接费的准确度。

② 审查换算单价。预算定额规定允许换算部分的分项工程单价，应根据预算定额的分部分项说明、附注和有关规定进行换算；预算定额规定不允许换算部分的分项工程单价，则不得强调工程特殊或其他原因，而任意加以换算。

③ 审查补充单价。目前各省、自治区、直辖市都有统一编制、经过审批的地区单位估价表，它是具有法令性的指标，无须再进行审查。但对于某些采用新结构、新技术、新材料的工程，在定额确实缺少这些项目，尚需编制补充单位估价时，就应进行审查，审查分项项目和工程量是否属实，套用单价是否正确。

（3）审查直接费

决定直接费用的主要因素是各分部分项工程量及其预算定额（或单位估价表）单价，因此审查直接费，也就是审查直接费部分的整个预算表，即根据已经过审查的分项工程量和预算定额单价，审查单价套用是否准确，有否套错和应换算的单价是否已换算，以及换算是否正确等。审查时应注意：

① 预算表上所列的各分项工程的名称、内容、做法、规格及计量单位，与单位估价表中所规定的内容是否相符；

② 在预算表中是否有错列已包括在定额中的项目，从而出现重复多算的情况；或因漏列定额未包括的项目，而少算直接费的情况。

（4）审查间接费及其他费用

① 审查人工费补差和施工流动津贴。人工费补差和施工流动津贴是以定额工日数为基础计算的。随工程费和定额单价的审查变动，定额工日数应做相应调整，此外要注意人工费补差和施工流动津贴的规定适用期与施工期是否一致。

② 审查次要材料差价。审查次要材料差价方法同审查人工费补差，要注意的是次要材料差价的计费基础不是定额直接费，而是定额材料费。

③ 审查主要材料差价。审查主要材料差价应注意以下几点：主要材料应是建筑工程主要材料一览表中所列的材料；材料数量应是审核后预算的定额材料消耗量。

$$主要材料差价＝［主要材料定额消耗量×（市场价－定额预算价）］$$

其中

$$市场价＝中准价×（1±浮动率）＋运费＋运耗$$

式中，中准价×（1±浮动率）按合同规定方法确定。

4.5.2.2　审查的方法

根据施工工程的规模大小、繁简程度不同，所编工程预算的复杂程度和质量水平不同，采用的审查方法也应不同。审查预算的方法较多，主要有全面审查法、标准预算审查法、分解对比法、分组计算审查法、筛选审查法、重点抽查法、利用手册审查法等。

（1）全面审查法

全面审查法是指按全部施工图的要求，全面地审核工程数量、定额单价和取费标准，其具体的方法与编制预算基本相同，这里不再重复。

全面审查法的优点是全面、细致、准确、质量高，但是工作量大。

全面审查法适用于工程规模小、工艺比较简单的工程和经重点抽查和分解对比发现差错率较大的工程。

作为工程审价机构，对于某些已定型的标准施工图，也应采用全面审查法。

（2）重点抽查法

重点抽查法是抓住对工程造价影响比较大的项目和容易发生差错的项目重点进行审查。重点抽查的内容有：

① 工程量大或直接费较高的项目。

② 工程量计算规则容易混淆的项目。

③ 换算定额单价和补充定额单价。

④ 根据以往审查经验，经常发生差错的项目。

⑤ 各项费用的计费基础及其费率标准。

对于重点审查法，应灵活掌握。在重点审查过程中，如发现问题较多、较大，应扩大审查范围，甚至放弃重点审查而进行全面审查；反之，如没有发现问题，或发现差错很小，可考虑适当缩小审查范围。此外，对工程计算较为简单的项目，如平整场地、室内回填土、垫层、找平层、面层、浴厕间壁、屋顶水箱等可顺便一起审查。

（3）分解对比法

指单位建筑工程，如果其用途、结构和标准都一样，在一个地区或一个城市内，其预算造价也应该基本相同，特别是采用标准设计的更是如此。虽然其建造地点和运输条件可能不同，但总可以利用对比方法，计算出它们之间的预算价值差别，来进一步对比审查整个单位工程施工图预算。即把一个单位工程，按直接费和间接费进行分解，然后再把直接费按工种工程和分部工程进行分析，分别与审定的标准图施工图预算进行对比。

（4）分组计算审查法

分组计算审查法是一种加快审查工程量的速度的方法，是把预算中的项目划分为若干组，并把相邻且有一定内在联系的项目编为一组，审查或计算同一组中某个分项工程量，利用工程量间具有相同或相似计算基础的关系，判断同组中其他几个分项工程量计算的准确程度的方法。

一般土建工程可以分为以下几个组：

① 地槽挖土、基础砌体、基础垫层、槽坑回填土、运土；

② 底层建筑面积、地面面积、地面垫层、楼面面层、室内地面找平层、楼板体积、天棚抹灰、天棚刷浆、屋面层；

③ 内墙外抹灰、外墙内抹灰、外墙内面刷浆、外墙上的门窗、外墙上的过圈梁、外墙砌体。

在第①组中，先将挖地槽土方、基础砌体体积（室外地坪以下部分）、基础垫层计算出来，而槽坑回填土、外运的体积按下式确定：

$$回填土量＝挖土量－（基础砌体＋垫层体积）$$

$$余土外运量＝基础砌体＋垫层体积$$

在余土外运工程量中，如果房间较大，房间能存土，留作室内回填土者，其体积也要从外运土的体积中扣除。

在第②组中，先把底层建筑面积、楼（地）面面积计算出来。而楼面找平层、顶棚抹灰、刷白的工程量与楼（地）面面积相同；垫层工程量等于地面面积乘以垫层厚度，空心楼板工程量由室内地面工程量乘楼板的折算厚度计算；底层建筑面积如挑檐面积，乘以坡度系数就是屋面层工程量；底层建筑面积乘以坡度系数再乘以保温层的平均厚度为保温层的工程量。

在第③组中，首先把各种厚度的内外墙上的门窗面积和过梁体积分别列表填写，然后再计算工程量。

（5）利用手册审查法

就是把工程中常用的构件、配件事先整理成预算手册，按手册对照审查的方法。如工程常用的预制构配件：洗涤池、大便台、检查井、化粪池等，几乎每个工程都有，把这些按标准图计算出工程量，套上单价，编制成预算手册使用，可以大大简化预算的编审工作。

4.5.3　设备安装工程预算的审查

设备安装工程预算的审查与一般土建工程类似，要对工程量、设备及主要安装材料价格、预算单价的套用、其他费用的计取等进行审查。

（1）工程量的审查

对设备安装工程要分需要安装和不需要安装的分别进行工程量统计。

① 设备安装工程

对设备安装工程的审查，要注意设备的种类、规格、数量是否符合设计要求，有没有把不需要安装的设备也计算到安装工程中去。

② 电气照明工程

对电气照明工程的审查，应注意灯具的种类、型号、数量以及吊风扇、排风扇等是否与设计图纸一致；线路的敷设方法、线材品种是否达到设计标准，线路长度计算是否准确；各种配件、零件有些是包括在预算定额内的，如灯具、明暗开关、插销、按钮等的预留线已综合在定额的有关项目内，审查时应注意有无重复计算的情况。

③ 给排水工程

对给排水工程量的审查，应正确区分室内外给排水工程的界限，审查管道敷设的各种管材的品种、规格与长度计算是否准确；阀门等管件不应扣除的是否扣去；而室内排水管路是否已扣除应扣除的卫生设备本身所带管路长度；用承插管的室内排水工程是否扣除异形管及检查口所占长度；对成组安装的卫生设备有无重算连接工料的现象等。

（2）预算单价套用

审查设备安装工程预算单价是否正确；预算书所列分项工程名称、规格、计量单位、工作内容与预算定额是否一致。

非安装设备、安装设备、未计价材料的预算价格是否符合有关定额；材料设备原价是否符合规定；有无高估加工费用、多算材料消耗、多计运输费用等现象。

（3）各种费用审查

主要审查各种费用的计取，即各种费用的列项、计算基础、取费标准是否符合要求。

思考题

4-1　简述工程建设施工图预算在项目管理中的作用。

4-2　一般土建工程施工图预算中，哪些因素会影响预算的准确性？

4-3　环境工程安装工程施工图预算与土建工程预算有哪些主要区别？

4-4　如何进行环境工程单项工程综合预算的编制？

4-5　工程施工图预算审查时，应重点关注哪些方面？

在线习题

第5章
环境工程招投标与合同管理

学习目标

理解环境工程招投标的基本概念、程序和要点。

掌握环境工程合同的主要内容及结构。

能够识别并处理合同管理中的关键问题。

5.1 环境工程招投标程序与要点

5.1.1 招标投标的一般程序

招标投标工作可以分为招标、投标、定标、签约。

招投标是一种通过竞争，由发包单位从投标者中优选承包单位的方式。发包单位招揽承包单位去参与承包竞争的活动叫招标，愿意承包该工程的施工单位根据招标要求去参与承包竞争的活动叫投标。工程的发包方就是招标单位（即业主），承包方就是投标单位。

建设工程实行招标承包制，是建筑业和基本建设管理体制改革的一项重要内容，对于促进承发包双方加强经营管理，缩短建设工期，确保工程质量，降低工程造价，提高投资效益具有重要作用。

建设工程的招标和投标，是法人之间的经济活动，受国家法律的保护和监督。

建筑工程招标应具备的条件：

根据有关法规规定，建筑工程招标应具备以下条件。

① 具有法人资格或是依法成立的其他组织。

② 有与招标工程相适应的经济、技术管理人员。

③ 有组织编制招标文件的能力。

④ 有审查投标单位资质的能力。

⑤ 有组织开标、投标、定标的能力。

不具备条件②～⑤的，须委托具有相应资质的咨询、监理等单位代理招标。

这样做可以防止没有承包工程能力或信誉不好的施工企业承包工程任务；也可以预防那些经营管理不善，可能面临倒闭的施工企业承包招标工程。

(1) 招标阶段

招标阶段是工程项目启动的第一步，也是决定工程质量和成本的关键环节。在招标阶段，建设单位需要进行以下几个方面的准备工作：

① 项目准备阶段

在确定开展工程项目之前，建设单位需要进行项目论证、可行性研究、土地审批等前期工作，确保项目的合法性和可行性；确定工程范围和技术要求，编制工程概算和初步设计方案，为后续的招标文件准备提供基础数据。

② 招标文件准备

招标文件是招标过程中最重要的文件之一，它包括招标公告、招标说明书、投标文件模板等内容。在编制招标文件时，建设单位需要确保内容准确、完整，并符合法律法规的要求。招标文件中应包含的内容包括工程概况、技术要求、合同条件、报价方式、评标标准等，以便吸引合适的承包商参与投标。

③ 招标方式选择

在确定招标方式时，建设单位需要根据工程性质、规模、紧急程度等因素进行综合考虑。常见的招标方式包括公开招标、邀请招标、限制性招标等，每种方式都有其适用的场景和优缺点。

④ 资格审查

在招标开始前，建设单位需要对潜在投标人的资格进行审查，以确保只有具备相关资质和能力的企业才能参与投标。资格审查主要包括企业注册资格、业绩记录、财务状况等方面的评估。

(2) 投标阶段

① 投标准备

投标前，承包商需要仔细阅读招标文件，了解工程要求和条件，并根据自身情况决定是否参与投标。在准备投标文件时，承包商需要准备投标保证金、企业资质证明、技术方案、施工计划、预算报价等材料。

② 投标文件递交

投标截止日期前，承包商需要将完整的投标文件递交至建设单位指定的地点，并确保文件的完整性和及时性。同时，投标文件的递交方式、时间和地点也需要严格遵守招标文件的规定。

③ 开标过程

开标是招标过程中的一个重要环节，建设单位在规定的时间和地点公开拆封所有投标文件，并宣读各投标人的报价。开标过程需要严格按照规定程序进行，确保公平公正。

④ 投标评审

投标评审是确定中标单位的关键环节，建设单位需要对所有投标文件进行评审、比较和分析，并根据招标文件中规定的评标标准和权重确定中标候选人。

（3）定标阶段

① 中标结果公布

在完成投标评审后，建设单位需要公布中标结果，并通知中标单位与其他投标人签订正式合同。中标结果的公布应该及时、公正，并且通知所有参与投标的承包商。

② 合同签订

中标单位与建设单位之间需要签订正式的工程承包合同，明确工程的范围、价格、工期、质量要求等关键条款。合同签订是招标流程的最后一步，标志着工程正式启动。

5.1.2 招投标的要点

（1）招标方式

① 公开招标

就是在公开发行的主要报刊上，或通过广播、电视、网络等媒体发布招标公告，以通知欲投标企业参加投标。这种招标方式使得获悉招标信息的单位都有参加招标工程投标报名的机会。

这种方式可以为一切有能力的企业提供一个平等的竞争机会，建设单位则有更大的选择范围，可在众多的投标单位中选择报价合理、工期较短、信誉较好的企业。有利于提高工程质量，缩短工期和降低成本。

② 邀请招标

就是招标单位对一部分有能力承包招标工程的和有信誉的企业发出投标邀请信，邀请他们对招标工程进行投标。这种招标方式，只有被邀请的企业才有资格参加投标，所以它是一种"有限竞争"的投标。

③ 协商议标

所谓协商议标是指建设单位或当地招标机构由于种种原因，不能采用上述两种招标方式时，邀请几家有能力承包招标工程的企业就招标工程的工程造价、承包条件进行直接协商，一旦达成协议，就把工程发包给某一施工企业承包的方法。

④ 谈判招标或指定招标

就是建设单位或当地招标机构直接指定一个施工企业就招标工程提出报价，经双方协议一致后，就将此项招标工程发包给它承包。这种指定招标一般是在工程情况特殊或不能采用其他招标方式时才采用。这种方式的优点是节约时间，可能很快达成协议展开工作，缺点是无法获得竞争。

（2）投标前的准备工作

在进行投标前，需要进行充分的准备，确保提出的报价合理、有竞争力。以下是投标前的准备工作内容。

① 分析投标环境

在准备投标之前，对投标环境进行仔细的分析是至关重要的。这涵盖了政治、法律、经济等方面的情况，特别是在涉及国际承包工程的投标时，需要考虑不同国家或地区的政策法规和经济情况的差异。例如，在某些国家，政府可能对外国企业的参与有一定的限制，或者可能存在特定的贸易壁垒和税收政策。因此，对于跨国投标项目，必须对目标市场的整体环境有清晰的了解，以便做出相应的策略安排。此外，还需要关注行业趋势、市场需求、竞争格局等因素，以及潜在的风险和机遇，为制订后续的投标策略做好准备。

② 熟悉招标文件

深入研究招标文件是投标准备过程中的关键一步。招标文件中包含了工程的规模、质量标准、工期要求等关键信息，这些信息对于正确评估项目需求和制订相应的施工方案至关重要。在熟悉招标文件的过程中，还需要特别关注任何潜在的技术、法律或商业方面的风险，并确保在报价和方案设计中进行充分考虑。此外，还应仔细审查招标文件中的合同条款和条件，确保理解和遵守所有的规定，避免后续出现纠纷和问题。

③ 分析建设单位和竞争对手的情况

在准备投标之前，必须对建设单位和竞争对手进行全面的调查和分析。对于建设单位，需要了解其资金来源、支付能力，以及对工程的需求程度。这有助于制订与建设单位需求相匹配的投标策略，并确定适当的报价水平。同时，对竞争对手进行调查分析也是至关重要的。通过收集竞争对手的能力和过去的业绩，可以更好地理解市场竞争格局，并制订有效的竞争策略，以提高中标的机会。此外，还应该注意竞争对手可能采取的策略和反应，以及可能存在的竞争优势和劣势，以便及时调整和完善自己的投标策略。

④ 拟定施工组织设计方案

在进行报价前，必须制订科学合理的施工组织设计方案。这包括总的施工进度控制计划、施工方案选择、主要资源供应计划等。通过制订详细的施工组织设计方案，可以更好地把握项目的关键节点和任务，提高项目的施工效率和质量，从而提高中标的竞争力。在制订施工组织设计方案时，还应该考虑现场环境、资源供应情况、人力物力的调配和管理等因素，确保方案的可行性和有效性。

⑤ 收集和整理与报价有关的费用资料

在进行报价计算前，需要收集和整理与报价相关的费用资料。这包括定额、费率、当地物资价格、运输资料等各种费用资料。通过对这些资料的综合分析和整理，可以更准确地评估项目的成本，并制订出合理、有竞争力的报价策略。在收集费用资料的过程中，还应该注意及时更新和核实信息，以确保报价的准确性和可靠性。同时，还应该关注市场价格的波动和变化，及时调整报价策略，以应对不断变化的市场环境。

投标是企业争取工程项目的一项重要活动，而制订有效的报价策略和运用相应的技巧则至关重要。本节将深入探讨报价策略的制订、决策的科学依据以及常用的报价技巧及实施方法，以期为投标者提供有益的参考和指导。

（3）报价基本原则

在工程项目的报价过程中，有一些基本原则需要遵循，以确保报价的准确性、合理性和竞争力。以下是对报价基本原则的详细探讨。

① 采用合适的承包方式

报价的准确性和有效性与选择的承包方式密切相关。不同的承包方式在报价过程中要考虑的因素有所不同。

一次性报价：对于固定总价或"交钥匙价格"的一次性报价，需考虑材料和人工费的调整因素以及风险系数。若是"单价"承包，则工程量估算相对简单；而若总价为"调价结算"，则可减少风险系数的考虑。

项目粗细度：在报价编制过程中，应内部细致、外部粗略，即"细算粗报"，达到综合归纳的目的，介于概算与施工图预算之间。

② 充分利用现场勘察资料

详细了解现场情况对报价至关重要，特别是以下几个方面：运输和交通条件；地质、地形、气候；劳动力资源、水电；材料供应、临时道路；利用永久性工程的可能性；甲方提供的临时房屋资料等。

③ 研究招标文件中双方的经济责任

仔细研究招标文件，明确发包与承包双方的经济责任，特别是对以下方面的要求：工期要求、质量标准和验收规范的要求，避免因为无法达到某些条件而盲目投标。

④ 根据施工方案进行经济比较报价

不同的施工方案应有不同的报价，应根据实际情况和工程需求选择最优、最经济的施工方案，需考虑以下因素：设备、技术力量、职工人数等实际工程的具体状况。

⑤ 报价计算方法要简明，数据资料要有理有据

报价计算方法应简明，数据资料应有理有据，考虑到影响报价的多种因素，并逐项计算实际可能发生的费用。

（4）报价策略的制订

① 报价决策的灵活性

在制订报价策略时，必须根据具体的工程项目条件和当地情况灵活应变。高标报价可能带来理想的利润，但中标概率较低；低标报价虽然增加中标概率，但可能会降低利润；中标报价则是根据企业的经营水平和适度的利润水平进行报价，是最常见的策略。因此，报价决策需要综合考虑各种因素，以确保项目的盈利性和竞争力。

② 报价决策的科学依据

在国际投标竞争中，常采用获胜概率理论作为辅助决策的科学依据。该理论基于投标报价计算的实际利润与预期利润之间的差异，以及竞争对手的历史投标情况，计算不同报价的中标概率。通过科学处理直接利润和预期利润之间的矛盾，可以更好地实现企业的目标。

③ 常用的报价技巧及实施方法

在确定了报价策略后，需要具体运用报价技巧来实施。以下是在国内外工程中常用的

报价技巧：

a. 研究招标项目特点

在制订报价策略时，需要深入研究招标项目的特点，包括工程类别、施工条件等因素。通常情况下，对于工程条件较好、竞争力强的项目，可以适当降低报价，以提高中标的概率。

b. 计日工作单价的报价

填写计日工作单价时，可以在基础工资上适当增加管理费用，以获取额外的利润。这种方法可以通过灵活运用管理费用的调整，提高工程的总报价水平，从而提高中标的可能性。

c. 降价系数调整最后总价

通过在每一分项工程单价中增加降价系数，在最后确定投标文件时，根据最新的情报信息和决心确定最终的竞争价格。这种方法可以避免全部重新计算和修改报价单，同时也可以根据最终情况进行灵活调整，以应对竞争对手的变化。

d. 施工组织设计方案的调整

在内部调整中，需要拟定最佳的施工组织设计方案，包括施工现场调查、人工费计算、材料价格确定以及机械设备的使用量计算等方面。通过科学合理地调整施工组织设计方案，可以提高施工效率，降低成本，从而提高中标的可能性。

e. 工程量的计算或核实

在投标过程中，需要对招标文件中提供的实物工程量进行重新计算或核实，以找出差错和漏项，并确定最终的投标工程的单位估价表。通过对工程量的准确计算和核实，可以确保报价的准确性和可靠性，提高中标的成功率。

(5) 投标文件的编制

投标文件是投标单位提送给招标单位供其审标和决标的书面文件，中标单位的投标文件是双方签订工程承包合同的基础。投标文件内容的完善和严谨程度，可以反映出一个施工企业的经营管理水平和技术水平。投标文件包括如下的主要内容。

① 投标说明书。投标说明书亦称报价信，它是投标单位向招标单位说明承包招标工程的要求和条件的书面文件。一般包括对招标文件和要求的确认；承包工程的范围和内容以及要求的工程总报价；招标单位要求工期的保证、开工的条件；招标文件的意见，包括要求建设单位提供的配合条件；工程款结算办法和奖惩办法的意见和要求；报价中未被包括项目的说明；本投标书的有效期等。

② 核实后的工程量和单价表。

③ 保证工程质量和安全施工的主要技术措施，以及保证工程质量达到的等级。

④ 施工组织设计大纲和工程进度控制计划。

⑤ 选用的主要施工机械、设备等材料。

(6) 实践应用与案例分析

下面通过实际案例对上述报价策略和技巧进行具体应用和分析，以更好地理解其在实践中的运用和效果。

投标的策略和技巧对企业争取工程项目至关重要。在不同的项目和市场环境下，制订合适的报价策略和灵活运用各种技巧，可以提高中标的概率，实现企业的盈利和持续发展。随着市场竞争的日益激烈和技术的不断更新，投标者需要不断学习和积累经验，不断完善和创新投标的策略和技巧，以应对未来的挑战和机遇。

5.2 环境工程合同管理

5.2.1 环境工程合同分类

(1) 按承包方式分类

环境工程合同按承包方式分为：工程总承包合同、承包合同、专业分包合同、劳务分包合同。

工程总承包合同，又称为"交钥匙承包合同"，亦即发包人将建设工程的勘察、设计、施工等工程建设的全部任务一并发包给一个具备相应的总承包资质条件的承包人。

承包合同，是指总承包人就工程的勘察、设计、建筑安装任务分别与勘察人、设计人、施工人订立的勘察、设计、施工承包合同。

专业分包合同，是指施工总承包企业将其所承包工程中的专业工程发包给具有相应资质的其他建筑企业完成的合同，如单位工程中的地基、装饰、幕墙工程。

劳务分包合同，是指施工总承包企业或者专业承包企业将其承包工程中的劳务作业发包给劳务分包企业完成的合同。

(2) 按工程实施的不同阶段和职能分类

在工程领域，根据工程实施的不同阶段和职能，合同可以进一步细分为以下几类：

① 前期准备阶段合同

咨询合同：包括可行性研究、项目策划、环境影响评估等咨询服务的合同。这些合同通常由业主与专业的咨询公司签订，以确保项目在前期规划阶段的科学性和合理性。

设计合同：涉及工程设计服务的合同，包括初步设计、施工图设计等。设计合同通常由业主与具有相应资质的设计单位签订，确保设计方案符合规范、经济、实用。

② 施工阶段合同

施工总承包合同：如前所述，业主将整个工程的建设任务发包给一个具备总承包资质的单位，该单位负责工程的勘察、设计、施工等全过程管理。

专业分包合同：在施工总承包合同的基础上，总承包单位将工程中的专业部分（如地基处理、装饰装修、幕墙安装等）发包给具有相应资质的专业分包单位。

劳务分包合同：总承包单位或专业分包单位将工程中的劳务作业部分发包给劳务分包企业，这些企业负责提供劳动力资源，完成具体的施工作业。

③ 后期服务阶段合同

保修合同：工程竣工验收后，为确保工程质量，业主与施工单位签订关于工程质量保修的合同。保修期内，施工单位负责免费维修因施工质量问题导致的损坏。

运营管理合同：对于某些需要长期运营管理的项目（如污水处理厂、垃圾处理厂等），业主可能会与专业的运营管理公司签订合同，负责项目的日常运营和维护。

（3）按工程计价方式分类

根据工程计价方式的不同，合同可以分为以下几类：

① 固定总价合同

在这类合同中，合同总价在合同签订时即已确定，不因工程量增减或物价变动等因素而调整。固定总价合同适用于工程量明确、设计图纸详细、工期较短且物价相对稳定的工程项目。

② 可调总价合同

与固定总价合同相似，但合同总价可根据合同约定的调整因素（如物价指数、工程量变化等）进行调整。这类合同适用于工程量虽已明确，但物价波动较大或工期较长的工程项目。

③ 单价合同

在这类合同中，合同价格按工程量乘以单位价格计算。单价合同适用于工程量不易确定或设计图纸不够详细的工程项目。随着工程进展，实际完成的工程量与预计工程量可能存在差异，合同价格也会相应调整。

④ 成本加酬金合同

这类合同以工程实际成本为基础，加上合同约定的酬金作为合同总价。成本加酬金合同适用于工程范围不明确、工程量难以预计或工期特别紧迫的工程项目。由于成本加酬金合同的风险主要由业主承担，因此在使用时需谨慎考虑。

（4）按施工内容分类

① 主体结构合同

主体结构合同不仅仅涉及建筑物的主体结构施工，还包括建筑物的地基处理、基础设施建设等。在城市化进程中，随着建筑业的发展，各类建筑物的主体结构合同需求逐渐增加，尤其是高层建筑和特殊结构的主体工程施工。

② 地基与基础合同

地基与基础合同不仅仅包括地基处理和基础设施建设，还包括地下管道、地下结构的建造和维护。在城市基础设施建设中，地基与基础合同是确保建筑物稳定和安全的关键，尤其是在软土地区和高地震区。

③ 设备安装合同

设备安装合同涉及环境工程中各类设备的安装、调试和维护，如水处理设备、空调设备、环保设备等。随着社会环境保护意识的增强，各类环保设备的安装需求日益增加，尤其是在工业园区和污染治理项目中。

④ 水电合同

水电合同不仅仅指与水力发电工程相关的施工合同，还包括水利水电设施的建造和维护。在水资源开发和利用领域，水电合同是水资源供应和水电利用的重要保障。

⑤ 配修合同

配修合同涉及建筑内部装修、装饰以及配套设施的安装和调试，如电气配线、管道安装、门窗安装等。在城市建设和装修市场中，配修合同是满足居民生活和工作需要的重要方式。

⑥ 电梯合同

电梯合同不仅仅指涉及电梯安装、调试和维护的合同，还包括垂直交通设施的安装和维护。随着城市化进程的加快，各类建筑物的垂直交通设施需求日益增加，电梯合同的市场潜力巨大。

⑦ 幕墙合同

幕墙合同不仅仅包括建筑外墙的幕墙设计、制造和安装，还包括建筑外墙的节能、保温和防火等要求。在现代建筑设计中，幕墙合同是建筑外观设计和建筑功能实现的重要保障。

⑧ 弱电工程合同

弱电工程合同涉及低电压系统的设计、安装和调试，如通信、监控、安防等系统。随着信息化和智能化技术的发展，弱电工程合同的需求日益增加，尤其是在智能建筑和智慧城市项目中。

⑨ 锅炉合同

锅炉合同不仅仅涉及锅炉设备的制造、安装和调试，还包括供热系统的设计、建造和维护。在供热和工业生产领域，锅炉合同是能源供应和工业生产的重要保障。

⑩ 垃圾处理合同

垃圾处理合同不仅仅包括城市垃圾处理设施的建设、运营和维护，还包括垃圾分类、资源化利用等环保技术的应用。在城市环境保护和资源循环利用领域，垃圾处理合同发挥着重要作用。

⑪ 室外道路合同

室外道路合同不仅仅涉及室外道路、人行道、停车场等区域的建设和维护，还包括城市交通设施的规划、设计和建造。在城市交通建设和管理中，室外道路合同是交通畅通和城市交通安全的重要保障。

⑫ 园林绿化合同

园林绿化合同不仅仅包括公园、广场、绿地等区域的绿化设计、施工和养护，还包括城市绿化规划、生态保护和景观设计等方面的内容。在城市绿化和生态环境保护领域，园林绿化合同发挥着重要作用。

（5）按行业的不同分类

① 建筑工程合同

建筑工程合同涉及各类建筑物的建设和改造，包括住宅建筑、商业建筑、公共建筑等。在城市化进程中，建筑工程合同是满足居民生活和工作需求的重要保障。

② 市政工程合同

市政工程合同包括城市道路、桥梁、排水系统等城市基础设施的建设和维护。在城市发展和改造过程中，市政工程合同是城市基础设施建设和城市管理的重要保障。

③ 水利工程合同

水利工程合同涉及水资源开发、水利设施建设和水利工程管理等。在水资源管理和利用领域，水利工程合同是水资源供应和水资源利用的重要保障。

④ 公路工程合同

公路工程合同主要涉及公路、高速公路、桥梁等道路交通设施的建设和维护。在交通运输领域，公路工程合同是交通畅通和交通安全的重要保障。

⑤ 铁路工程合同

铁路工程合同涉及铁路线路、车站、轨道交通设施的建设和维护。在铁路交通领域，铁路工程合同是铁路运输安全和运输效率的重要保障。

⑥ 通信工程合同

通信工程合同涉及通信网络、通信设备、电信基站等通信设施的建设和维护。在信息化和智能化领域，通信工程合同是信息通信畅通和信息安全的重要保障。

5.2.2　合同管理中的关键问题

合同是商业和法律活动的基本组成部分，它规定了各方之间的权利和义务。然而，合同中存在的风险可能会对各方造成损失或引发纠纷。因此，在合同起草和执行过程中，必须认真考虑可能面临的风险，并采取相应的应对措施。

（1）双方基本信息

合同中包含双方的基本信息是非常重要的，这有助于在合同履行过程中保持双方之间的联系和沟通。然而，如果双方的基本信息不准确或不完整，可能会导致履行过程中的困难和纠纷。为了应对这种风险，合同起草人员应确保在合同中准确地记录双方的名称、地址、联系方式等基本信息，并在签订合同时进行核实和确认。

（2）详尽的合同主体与权责界定

身份明确：合同中应准确无误地标识出所有合同主体的全称、注册地址、法定代表人或授权代表信息，以及必要的联系方式，确保合同主体身份的清晰无误。

权责清晰：详细列出各方在合同执行过程中的具体权利与义务，包括但不限于服务或商品的提供、资金的支付、质量保证、知识产权的归属与保护、保密义务等，确保各方权益得到全面保护，同时明确各自的责任边界。

（3）须遵守中国的相关法律法规

合同应当遵循中国的法律法规，并针对所涉及的具体业务进行相关规定，以保障合同的合法有效性。在起草合同时，必须充分考虑中国的法律法规，并确保合同内容符合相关法律的要求。为了应对可能面临的法律风险，合同起草人员应当与法律专家进行沟通和协商，并在合同中包含符合中国法律法规的条款。

（4）合同执行的透明性与合规性

履约模式与时间框架：合同中应明确约定合同履行的具体方式、步骤、标准以及时间要求，包括交货时间、地点、验收标准等，确保合同执行过程的透明度与可操作性。

违约处理机制：对于可能出现的违约情形，合同中应设定明确的法律责任，包括违约金的计算方式、赔偿损失的范围、争议解决途径等，为处理违约事件提供清晰的法律依据，同时强化合同的约束力。

（5）明确法律效力和可执行性

合同中应当明确具体条款的法律效力和可执行性，确保合同履行过程中的稳定性和安全性。为了应对这种风险，合同起草人员应确保合同中的条款明确、具体，并符合中国法律的规定。此外，合同中的条款应当具有可执行性，以确保合同履行的顺利进行。

（6）其他内容

除了以上内容之外，合同管理还应当涵盖保密条款、知识产权保护、争议解决机制、法律适用等方面的规定，确保合同的完整性和可行性。为了应对可能面临的其他风险，合同起草人员应与相关部门进行沟通和协商，并在合同中包含适当的条款和规定。

（7）一些典型合同问题及其应对方法

① 合同内容不严谨的风险及应对办法

合同内容不严谨可能会导致合同难以履行或引起争议。为了应对这种风险，合同起草人员应确保合同文字准确明晰，避免歧义和误解的发生。此外，合同应当明确主合同和从合同的关系，确保合同的完整性和有效性。另外，合同条款应当全面、完整，避免漏掉关键内容，特别是违约责任等条款。

② 合同签订后没有进行合同交底的风险及应对办法

合同签订后没有进行合同交底可能会导致合同执行脱节，给日后的合同纠纷埋下隐患。为了应对这种风险，企业应建立合同交底制度，确保合同签订后各相关人员都了解合同的具体内容，并按照合同要求进行履行。此外，企业应当加强合同管理，确保合同能够得到有效执行。

③ 合同执行过程中忽视变更管理的风险及应对办法

在合同履行过程中，合同变更是正常的事情，但不少管理人员缺乏及时变更的意识，导致损失。为了应对这种风险，企业应建立合同变更管理制度，及时处理合同变更事务，并确保变更的合法性和合理性。此外，企业应加强对合同执行过程的监控，及时发现和解决问题，确保合同的顺利履行。

④ 合同风险意识不足的风险及应对办法

合同风险意识不足可能导致企业在合同管理方面存在漏洞，增加合同纠纷的发生可能性。为了应对这种风险，企业应加强合同风险管理意识，建立健全的管理机制和制度，确保合同管理的专业性和有效性。此外，企业应加强对合同管理人员的培训和教育，提高其合同管理能力和水平。

⑤ 不善于运用《中华人民共和国民法典》赋予的权利的风险及应对办法

不善于运用《中华人民共和国民法典》赋予的权利可能导致企业在合同履行过程中的权利受损，增加合同纠纷的可能性。为了应对这种风险，企业应充分了解合同法赋予的权利，合理运用合同中的抗辩权和保全制度，维护合同当事人的合法权益。此外，企业应加强对《中华人民共和国民法典》的研究和理解，提高其在合同管理方面的法律意识和能力。

⑥ 合同盖章、签字问题的风险及应对办法

合同盖章和签字不规范可能导致合同的无效或争议加剧。为了应对这种风险，企业应确保合同盖章和签字符合法律规定，签字人必须具备法定资格，合同签署要符合相关规范和流程。此外，企业应加强对合同签署过程的监控和管理，确保合同签署的合法性和有效性。

⑦ 合同管理制度的建立和完善

为了有效管理合同风险，企业应建立并完善合同管理制度，确保合同的规范执行和有效履行。合同管理制度应包括合同起草、审批、签署、执行、变更、履行监督等方面的内容，以确保合同管理的全面性和系统性。此外，企业应定期对合同管理制度进行评估和改进，以适应市场环境和业务需求的变化。

思考题

5-1　简述环境工程招投标的基本流程。

5-2　列举并解释环境工程合同中常见的几种类型。

5-3　在合同管理过程中，如何有效监控合同的履行情况？

5-4　遇到工程变更时，应如何按照合同规定进行处理？

在线习题

在线习题

第6章
环境工程造价风险管理

学习目标

掌握环境工程造价风险评估的基本方法和步骤。

了解环境工程保险的种类、作用及索赔处理流程。

能够运用所学知识，识别环境工程造价风险，并制订有效的风险管理策略。

在环境工程项目建设过程中，工程造价风险是影响项目成功与否的关键因素之一。环境工程造价风险管理不仅关系到项目的经济效益，更直接影响项目的质量和安全。因此，深入理解和把握环境工程造价风险管理的作用，对于项目的顺利实施和企业的长远发展具有重要意义。

风险是人类历史上长期存在的客观现象，并深刻而广泛地存在于人类社会生活的各个方面。由于对风险的概念存在着多种角度的理解，因此学术界和实务界还没有一个统一的风险定义。归纳起来，主要有两类观点：其一，风险即损失的不确定性，由美国学者罗伯特·梅尔（Robert I. Mehr）提出；其二，风险是给定情况下和特定时间内的可能结果间的差异性，由小阿瑟·威廉姆斯（C. Arthur Williams）和理查德 M. 汉（Richard M. Heins）提出。前者强调风险带来的不利后果；后者认为风险既可能是威胁，也可能是机会，接受风险反过来可能会产出更令人满意的、合适的收益水平，这已经得到人们的普遍认同。当然也可以考虑把两种定义结合起来。由上述风险定义可知，所谓风险要具备两方面条件：一是不确定性，二是产生损失后果，否则就不能称为风险。因此，肯定发生损失后果的事件不是风险，没有损失后果的不确定性事件也不是风险。

6.1　环境工程造价风险评估方法

6.1.1　定性风险评估方法

在项目管理中，定性风险评估方法强调以主观方式来描述和评估潜在风险，而不侧重于具体的数字或量化数据。以下是两种常见的定性风险评估方法。

SWOT 分析，即优势、劣势、机会、威胁分析，是一种战略性工具，用于深入剖析项目内部和外部环境。在 SWOT 分析中，团队会评估项目的内部优势和劣势，例如团队的专业知识和资源，以及外部机会和威胁，如市场竞争和法规变化。这有助于项目管理团队全面了解项目的情境，识别潜在风险因素，并从中获取洞见，以制订更好的应对策略。

PESTEL 分析，即政治、经济、社会、技术、环境、法律分析，侧重于外部环境因素的考察。团队会仔细研究这些因素，包括政治稳定性、经济状况、社会趋势、技术发展、环境法规和法律制度等，以了解这些因素可能对项目产生的潜在影响。PESTEL 分析有助于团队识别可能的外部风险，如政策变化、市场波动和技术突破，从而更好地准备和规划风险应对策略。

除了 SWOT 分析和 PESTEL 分析，定性风险评估方法还包括其他一些重要的工具和技巧，这些工具和技巧有助于项目管理团队更全面地理解和评估潜在风险。

① 利益相关者分析

利益相关者分析是识别和分析项目利益相关者（如投资者、客户、供应商、政府监管机构等）及其对项目的影响和期望的过程。通过了解利益相关者的需求和关注点，项目管理团队可以更好地预测和评估可能对项目产生负面影响的风险因素，并制订相应的应对策略。

② 情景规划

情景规划是一种通过构建多种可能的未来情景来评估项目风险的方法。项目管理团队可以设想不同的市场、技术、政治或经济环境，并评估这些环境对项目的影响。通过情景规划，团队可以识别出在不同情景下可能出现的风险，并制订相应的应对措施。

③ 根本原因分析

根本原因分析是一种深入探究问题根源的方法，它可以帮助项目管理团队识别导致潜在风险发生的根本原因。通过了解问题的本质，团队可以更有效地制订预防措施，避免类似风险在未来再次发生。

④ 专家判断

专家判断是依赖具有专业知识和经验的个人或团队来评估潜在风险的方法。这些专家可能来自项目团队内部或外部，他们可以提供有关特定领域风险的专业见解和建议。专家判断可以与其他定性风险评估方法结合使用，以提高评估的准确性和可靠性。

⑤ 风险地图

风险地图是一种将风险按照其重要性和紧迫性进行可视化的工具。通过绘制风险地图，项目管理团队可以直观地了解哪些风险需要优先关注，并制订相应的应对策略。风险地图通常使用颜色、大小或形状来表示风险的不同级别，从而帮助团队成员更好地理解项目的风险状况。

6.1.2　定量风险评估方法

在项目管理中，定量风险评估方法是关键的工具，允许团队使用具体的数字和数据来精确地衡量潜在风险的严重性。

项目风险概率和影响评估的方法可以对每个可能的风险事件进行量化评估。这一方法要求项目管理团队评估每个潜在风险事件的两个关键因素：风险事件发生的概率和风险事件发生后对项目的影响程度。这种评估依赖于历史数据、统计分析和专家意见，以确定概率和影响的具体数值。将这两个因素结合在一起，可以计算出每个风险事件的风险值，从而帮助团队确定哪些风险最值得关注，以便采取适当的风险应对措施。风险矩阵分析是一种将风险概率和影响可视化呈现的方法。在这种方法中，风险概率和影响通常被划分成几个级别，然后使用一个矩阵来将风险事件放置在适当的位置。这有助于项目管理团队以直观的方式识别高优先级的风险。

在项目管理中，定量风险评估方法不仅提供了一种精确衡量风险严重性的手段，还能够帮助团队更有效地分配资源和制订应对策略。以下是该方法的一些关键要素和扩展内容：

① 历史数据与统计分析

历史数据的重要性：为了准确评估风险概率和影响，项目管理团队需要收集和分析与项目类似的历史数据。这些数据可以来自过去的项目记录、行业报告或公开数据库。通过分析历史数据，团队可以识别出常见的风险模式、趋势和影响因素。

统计分析的应用：利用统计工具和方法（如概率分布、回归分析、趋势分析等）对历史数据进行分析，可以帮助团队更准确地预测未来风险事件的发生概率和影响程度。

② 专家意见与德尔菲法

专家意见的作用：在缺乏足够历史数据的情况下，项目管理团队可以依赖专家的专业知识和经验来评估风险。专家意见可以来自项目团队成员、行业专家、顾问或外部机构。

德尔菲法：德尔菲法是一种结构化的专家调查方法，通过多轮匿名问卷调查和反馈，逐步收敛专家的意见，以达成对风险概率和影响的共识。这种方法有助于减少个体偏见和主观性的影响，提高评估的准确性。

③ 风险矩阵的细化与扩展

风险矩阵的细化：除了将风险概率和影响划分为几个基本级别外，还可以进一步细化风险矩阵，以更精确地反映不同风险事件的特性和优先级。例如，可以根据风险事件的紧迫性、可控性、可预测性等因素对风险进行细分。

风险矩阵的扩展应用：风险矩阵不仅可以用于识别高优先级的风险，还可以作为制订风险应对策略、分配资源和监控风险进展的基础。通过定期更新风险矩阵，团队可以跟踪风险的变化情况，并调整应对策略。

④ 敏感性分析与蒙特卡罗模拟

敏感性分析：敏感性分析用于评估项目关键参数（如成本、时间、质量等）变化对项目整体风险的影响。通过识别敏感参数，团队可以优先关注这些参数的变化，并制订相应的风险管理措施。

蒙特卡罗模拟：蒙特卡罗模拟是一种基于随机抽样的统计模拟方法，用于评估项目风险的不确定性和概率分布。通过模拟多个可能的项目情景，团队可以了解风险事件对项目目标（如成本超支、进度延误等）的潜在影响，并制订相应的风险缓解措施。

⑤ 决策树与期望价值分析

决策树：决策树是一种图形化的决策分析工具，用于展示不同决策路径下的风险概率、影响和期望价值。通过构建决策树，团队可以比较不同应对策略的成本和效益，从而选择最优的决策方案。

期望价值分析：期望价值分析用于评估不同决策方案在风险条件下的期望收益或成本。通过计算每个方案的期望价值，团队可以识别出最具经济效益的决策方案。

6.1.3　风险评估的特点

(1) 不确定性

工程造价风险是由于诸多不确定因素而引发的，包括市场波动、经济形势变化、政策调整、技术变革等。这些因素可能在工程项目的各个阶段产生不可预测的影响，使工程造价难以准确预测和控制。

(2) 多样性

工程造价风险涵盖了多方面的因素，包括人力资源、物资价格、技术变革、政策法规、自然环境等。这些因素之间相互作用、相互影响，使得工程造价风险呈现多样性和复杂性。

(3) 动态性

工程项目的实施过程是一个动态的过程，随着项目进展和环境变化，工程造价风险也在不断变化。因此，工程造价风险评估和控制需要动态地进行监测、分析和调整。

(4) 系统性

工程造价风险是一个系统性的问题，涉及工程项目的各个方面和环节。如不仅仅涉及工程材料的价格波动，还涉及人力资源管理、市场需求变化、技术创新等方面的风险。

(5) 客观性和普遍性

风险是不以人的主观意志为转移并超越人们主观意识的客观存在，它在项目的整个寿命周期内始终存在，对项目的进展和成果构成潜在影响。

(6) 隐蔽性与潜伏性

工程造价风险往往具有一定的隐蔽性，即风险可能潜藏在项目的各个角落，不易被直接察觉。同时，风险还具有潜伏性，可能在一定时间内不会立即显现，而是在某个特定条件触发时才突然爆发。这种隐蔽性和潜伏性增加了风险评估的难度，要求项目管理者具备敏锐的洞察力和预见性，以便及时发现并应对潜在风险。

（7）可传递性与扩散性

在工程项目中，风险往往不是孤立存在的，而是可能通过各种渠道和方式在项目内部或外部进行传递和扩散。例如，一个供应商的风险可能影响到整个供应链的稳定性，进而对工程造价产生影响。此外，风险还可能通过人员流动、信息传播等方式在项目团队内部扩散，影响团队士气和项目进展。因此，在进行风险评估时，需要充分考虑风险的传递性和扩散性，以便制订有效的风险应对措施。

（8）可预防性与可控制性

尽管工程造价风险具有不确定性和多样性等特点，但并不意味着风险是无法预防和控制的。通过深入分析风险来源和影响因素，项目管理者可以采取一系列措施来降低风险发生的概率和影响程度。例如，通过加强项目管理、优化资源配置、提高技术水平等方式来增强项目的抗风险能力。同时，通过建立风险预警机制和应急预案，可以在风险发生时迅速做出响应，减少损失。

（9）成本效益性

在进行风险评估时，需要充分考虑风险应对的成本效益性。即需要权衡风险应对措施的成本与可能获得的收益之间的关系。如果风险应对措施的成本过高，而可能获得的收益相对较低，那么这种措施可能就不具备经济可行性。因此，在进行风险评估和制订应对策略时，需要综合考虑成本效益因素，以确保项目的经济效益最大化。

6.1.4　工程造价全过程的风险因素分析

6.1.4.1　前期阶段的风险因素分析

（1）工程决策阶段

工程决策阶段主要是对项目建设的必要性、可行性进行研究，合理论证项目经济投资回报收益。经济风险是该阶段的主要风险因素。工程项目投资与回报受地理位置、上下游产能等因素制约，并非呈直线性关系。某些企业未充分考虑产能、资源等方面的因素，盲目扩大投资规模，导致资产流失。因此，在建筑工程施工过程中，必须对项目规模和投资范围进行合理分析。

（2）勘察设计阶段

在工程项目实施过程中，通过勘察设计工作能够收集各项原始数据，掌握施工现场的地质水文条件。但是在勘察作业中存在诸多风险因素，导致设计文件不合理，与工程实际情况不符合，进而导致具体施工的过程中出现设计变更现象，不利于工程造价的管理与控制。

（3）招投标阶段

在现阶段招投标工作中普遍采用工程量清单模式，投标单位根据清单中的工程量，结合市场经济规律进行报价。若清单编制中存在漏项、工程量误差、项目描述不准确等问题，将会影响投标报价的准确性。由于工程项目建设周期相对较长，在此过程中原材料价格会出现波动现象，造成与预算编制不符的情况。

6.1.4.2　工程施工阶段风险因素分析

施工阶段工程造价的风险因素主要体现在三方面：第一，施工组织设计侧重于施工进度计划，忽略了对工程质量、成本等的控制分析。在工程项目具体实施过程中，存在临时调改施工组织设计的情况，增加费用支出。第二，签证风险也是施工阶段常见的风险因素，可分为工程联系单、设计修改变更通知、现场经济签证三类，施工现场情况相对复杂，无法对实际情况进行有效预测，可能在管理层面、技术层面产生冲突与矛盾，因此签证内容必须经过造价部门审核，避免形成管理风险。第三，工程质量是施工阶段主要的风险因素，不仅影响工程的安全性及使用性能，也与工程造价密切相关。在工程质量不达标的情况下，必须进行返工处理，增加工程造价管理及控制的风险。

6.1.5　环境工程造价风险评估流程

工程项目风险识别是工程项目风险管理中一项经常性的工作，其流程分为四步进行：第一步是收集资料，第二步是分析不确定性，第三步是确定风险事件并分类，第四步是编制工程项目风险识别报告。

（1）收集资料

完整的资料是保证风险清单完备和准确的基础。收集与风险事件直接相关的信息可能比较困难，但是风险事件往往并不孤立，可能会存在一些与之相关、有间接联系的信息，或是与本工程项目可以类比的信息。工程项目风险识别应注重下列几方面数据信息的收集。

　　① 工程项目环境方面的数据资料；
　　② 工程项目的前提、假设和制约因素；
　　③ 工程的设计、施工文件；
　　④ 类似工程项目的有关数据资料。

（2）分析不确定性

在资料收集完整的基础上，从以下几个方面分析工程项目的不确定性，从而确定存在的风险。

　　① 不同建设阶段的不确定性分析；
　　② 不同目标的不确定性分析；
　　③ 按照工作结构分解进行不确定性分析；
　　④ 工程项目建设环境的不确定性分析。

（3）确定风险事件并分类

将所有识别出来的风险罗列起来，便得到工程项目的初步风险清单，然后根据需要对风险进行分类，以确定风险的性质。分类可先按照工程项目目标、阶段、结构进行，然后按照可控性进行分类，最后按照技术和非技术进行分类，也可根据其他标准进行分类（如内部风险、外部风险；也可再细化为政治、经济、法律、技术等风险）。

（4）编制工程项目风险识别报告

风险识别之后要把结果整理出来，写成书面文件，为风险分析的其余步骤和风险管理做准备。风险识别的成果应包含以下内容。

① 风险来源表

表中应列出所有的风险。罗列应尽可能全面，不管风险事件发生的频率和可能性、收益或损失、伤害有多大，都要一一列出。对于每种风险来源，都要有文字说明，说明中一般包括风险事件的可能后果、对预期发生时间的估计、对该来源产生的风险事件预期发生次数的估计。

② 风险的分类或分组

风险识别之后，应根据工程项目的特点，按风险的性质和可能的结果及彼此可能发生的关系对风险进行分类，分类结果应便于进行风险分析的其余步骤和风险管理。

对风险进行分类的目的在于：一方面是为加深对风险的认识和理解；另一方面是为了进一步识别风险的性质，从而有助于制订风险管理的目标和措施。

③ 风险征兆

风险征兆也称为触发器或预警信号，是指风险已经发生或即将发生的各种外在表现，如苗头和前兆等。如，项目管理班子成员不及时交换彼此间的不同看法，就是项目进度出现拖延的一种征兆；施工现场混乱，材料、工具随便乱丢，无人及时回收整理就是安全事故和项目质量、成本超支风险的征兆。对工程项目风险征兆须密切注意，并考虑应对计划和措施。

④ 对项目管理其他方面的要求

在风险识别的过程中可能会发现项目管理其他方面的问题，需要完善和改进。如发现项目工作结构分解做得不够详细应要求进一步完善，发现项目有超支风险时应要求采取措施防止项目超支。

6.2 环境工程保险及索赔处理

环境工程保险是环境工程项目管理中不可或缺的一环，旨在为项目参与者提供风险保障，减轻因自然灾害、意外事故或人为疏忽导致的经济损失。本节将详细介绍环境工程保险的基本概念、主要类型、投保流程以及索赔处理的关键步骤，旨在帮助读者理解并有效运用保险工具，提升项目风险管理水平。

（1）环境工程保险的基本概念

环境工程保险是指针对环境工程项目实施过程中可能遇到的各种风险，通过保险合同约定的方式，由保险公司向被保险人提供经济赔偿的一种风险管理手段。其目的在于保障项目资金安全，减轻因风险事件导致的财务压力，确保项目顺利进行。

（2）环境工程保险的主要类型

① 建筑工程一切险：承保环境工程项目在建设过程中因自然灾害和意外事故造成的损失，包括合同规定的全部工程，到达工地的设备、材料、施工机具、临时设施及现场上的其他物资。

② 安装工程一切险：专为设备安装及钢结构工程施工提供全面保障，风险主要来自人为事故，如操作失误、设备故障等。

③ 第三者责任险：作为建筑工程一切险或安装工程一切险的附加险，承保因工程直接相关的意外事故引起的工地内及邻近区域的第三者人身伤亡、疾病或财产损失。

④ 雇主责任险：对雇员在受雇期间因工作遭受意外而受伤、死亡或患有与业务有关的职业性疾病情况下获取医疗费、工伤休假期间的工资及必要的诉讼费用等提供保障。

⑤ 环境污染责任保险：针对企业可能因意外事故引发的环境污染提供保障，包括清理费用、赔偿责任和因环境污染导致的第三者责任，有助于降低企业的环境风险并鼓励采取预防措施。

（3）环境工程保险的投保流程

① 明确投保原则：充分评估风险，满足风险分散原则，实现公平与对价，遵守法律惯例。

② 确定投保计划：包括保险类型、主要内容、优化投保方式等。

③ 选择投保方式：确定由谁来投保，采取什么方式投保。

④ 实施投保行动：选择保险公司，索取并填写保险申请，配合保险人到工地勘察，阅读保险建议书，修订保险计划。

⑤ 签订保险合同：直至合同正式生效。

（4）环境工程保险的索赔处理

① 报案与通知：发生保险事故后，被保险人应立即向保险公司报案，并按照保险公司的要求提供事故相关信息。

② 配合调查：保险公司可能会对事故进行调查，被保险人应积极配合，提供必要的协助和资料。

③ 提交理赔资料：被保险人需向保险公司提交理赔申请书、保单、事故证明、损失清单等相关资料。

④ 现场勘查：对于重大或复杂的事故，保险公司可能会派员进行现场勘查，以了解事故的具体情况。

⑤ 理赔决定：保险公司根据审核和勘查结果，做出是否赔偿的决定，并通知被保险人。

⑥ 赔偿支付：一旦理赔决定做出，保险公司将按照保险合同约定的方式和期限，向被保险人支付赔偿金。

环境工程保险及索赔处理是环境工程项目管理中的重要组成部分，通过科学合理的保险安排和高效的索赔处理机制，可以有效降低项目风险，保障项目资金安全，促进项目的顺利实施。因此，项目管理者应充分重视保险工作，加强风险管理和保险知识的学习与应用，为环境工程项目的成功实施提供有力保障。

思考题

6-1　列举并解释环境工程造价风险评估中的几个关键步骤。

6-2　在环境工程造价风险管理中，为什么风险识别是重要的第一步？

6-3　描述一种常见的环境工程保险类型，并说明其作用。

6-4　假设发生了一起环境工程事故，你如何启动保险索赔流程？

6-5　结合实际案例，分析环境工程造价风险管理中的挑战与应对策略。

在线习题

在线习题

第二部分

环境工程项目管理

第7章
环境工程项目管理概论

📚 **学习目标**

理解工程项目的含义、特点及其重要性。
掌握环境工程项目管理的基本概念、原则和方法。
能够识别环境工程项目管理的不同类型和任务。

7.1 工程项目含义与特点

(1) 工程项目的含义

工程项目是以工程建设为载体的项目,是作为被管理对象的一次性工程建设任务。它以建筑物或构筑物为目标产出物,需要支付一定的费用、按照一定的程序、在一定的时间内完成,并应符合质量要求。

工程项目是最为常见的、最典型的项目类型,它在投资项目中是最重要的一类,是一种既有投资行为又有建设行为的生产组织活动。

(2) 工程项目的特点

工程项目有以下特点。

① 工程项目是在一定时期内为实现一定经济或社会目标而设计的投资方案。项目具有明确的功能和时限,如工业项目是在一定时期内为满足某种社会需求而提供产品或服务,通过产品或服务获取一定经济目标的投资方案。再如交通工程项目是为满足社会对公

共交通的需求而进行的投资方案。

②工程项目是一个为实现一定功能而设计的物质系统。如工业项目为实现经济目标就必须生产产品或服务，而生产产品就必须建设厂房、安装设备以及配备其他工程设施等。

③工程项目是通过一套完整的知识体系来实现其预期目标的，如建设前期的可行性研究，建设时期的工程技术设计、施工组织监督和控制，生产时期的组织、管理和经营等。

④工程项目必须具有清晰的界定范围。工程项目管理是项目管理的一个分支，是其中的一大类，工程项目管理的对象主要是建设工程。按照建设工程生产组织的特点，一个项目往往由许多不同单位来承担不同的建设任务，而且各个参与单位的工作性质、任务和利益各不相同，所以就形成了类型不同的项目管理。

⑤工程项目是特殊的组织，遵从相关的法律规定。项目的一次性决定了项目管理组织是一个临时性的组织，不同的项目其组织形式、规模各不相同，项目任务结束，项目组织也会随之解散，项目组织也会随着项目过程的变化而改变，项目组织是一个具有一定可变性的特殊组织。

工程项目与一般项目不同，它对人民群众和周围环境影响较大，因此它必须遵循一些专门的法律条文，例如，《中华人民共和国建筑法》《中华人民共和国民法典》《中华人民共和国环境保护法》《建设工程质量管理条例》《中华人民共和国招标投标法》等。

根据建设工程项目不同参与方的工作性质和组织特征划分，工程项目管理可分为：业主方的项目管理、施工方的项目管理、设计方的项目管理、供货方的项目管理、建设项目总承包方的项目管理。业主方是建设工程实施的总组织者，业主方的项目管理是管理的核心。

7.2　环境工程项目管理

（1）环境工程项目管理的含义

环境工程是研究防治环境污染和提高环境质量的科学技术。环境工程同生物学中的生态学、医学中的环境卫生学和环境医学，以及环境物理学和环境化学有关。由于环境工程处在初创阶段，学科的领域还在发展，但其核心是环境污染源的治理。

环境工程项目是运用工程技术和有关基础科学的原理和方法防治环境污染和生态破坏，合理利用自然资源，保护和改善环境质量，使人类社会和经济与生态环境达到协调而可持续良性发展的各类工程项目。20世纪70年代初，我国环保工作从"三废"治理和综合利用起步，随着社会经济和环保事业的不断发展，又开展了城市环境综合整治、生态环境保护，至今已涉及全球环境问题的工程项目。

环境工程项目管理是为满足环境污染治理工程处理设备和处理流程的需要，以建筑物、构筑物为载体，通过一个临时性的专门的团队组织，对环境工程项目进行有效的计划、组织、控制和指导，在各种约束条件下，在保证质量的同时，高效、及时、经济地实现项目目标的科学管理方法体系。

（2）环境工程项目的特点

环境工程项目除了具有工程项目的特点外，还有自身的特征。

① 特定的对象。环境工程项目有自己特定的对象，可以是一座污水处理厂、一个大型的脱硫除尘装置构筑物或一个环境保护工程，它的功能、周期和造价都是独特的；建成后发挥的作用也是不尽相同的。所以说，任何环境工程项目的目标都是特定的。

② 资金限制。任何一个环境工程项目，投资方都不可能无限地投入资金，为达到最大的经济性，投资方希望投入最少，达到的质量最好。项目只能在资金许可的范围内完成其各个目标功能要求、使用时间及处理规模等。

③ 时间限制。因为建设规模不同，建设地条件不同，建设单位不同，环境工程项目建设的周期也不同，但是只要是工程，必定有工期限制，即必须要在业主要求的时间内完成项目的建设任务。

④ 管理的复杂性和专业性。现代环境工程项目具有专业化程度高、规模大、质量要求高等特点，其专业的组成、人员和环境不断变化，这些都提高了环境工程项目管理的复杂性。环境工程项目是涉及环保处理技术的工程项目，需要管理人员对环境工程专业有一定的了解，在工程的建设当中，管理人员应能够准确把握工程的技术标准，最大程度地满足工程的环境保护及处理功能要求。

7.3 环境工程项目管理的类型和任务

（1）环境工程项目管理的类型

环境工程项目管理的类型包括：

① 对环境有影响的建设项目的环境保护建设项目管理；

② 对环境有影响的城市人群生活所产生的污水和固体废物处理设施项目管理；

③ 对环境有影响但没有环保设施的老企业新增环境保护设施的项目管理，或者是虽有环保设施但不能达标排放的老企业环境保护设施的改造建设项目管理；

④ 对周边环境进行监测的建设项目管理。

以上第①类项目一般指某个大型建设项目下面的一个子项目，如一些新建发电厂的烟气除尘、脱硫系统的建设，一些高浓度有机污染物或重金属污染废水生产车间的简单、小型污水处理系统的建设；而第②、③类项目本身就是一个独立实施的建设项目，如城市污水处理厂和城市生活垃圾填埋场的建设项目，大型老电厂脱硫、除尘系统的改建建设项目等；第④类项目如空气质量检测站和水质监测站的建设项目。

（2）环境工程项目的分类

环境工程项目按对环境保护的功能划分，可分为如下几个大类：

① 水污染防治类工程建设项目；

② 固体废物污染防治类工程建设项目；

③ 大气污染防治类工程建设项目；

④ 噪声污染控制类工程建设项目；

⑤ 放射性电磁污染防治类工程建设项目。

（3）环境工程项目管理的目标

无论什么样的项目，不论项目的复杂程度如何，项目的目标是大致相同的，现在普遍认同的是项目的四维目标：时间、资源、质量要求、客户满意度。这些目标是相互关联的，其中一个或几个条件的变化势必引起其他目标的变化，所以项目管理者的任务就是要平衡这 4 个目标，这是事关项目成功与否的关键因素。

环境工程项目管理，作为项目管理的一个专门领域，不仅遵循通用的四维目标理论（时间、资源、质量要求、客户满意度），还因其特有的专业性和复杂性，对项目管理提出了更为具体和细致的要求。

① 时间目标：注重时效性与长期效益的平衡

在环境工程项目中，时间目标不仅关乎项目的完成期限，更与项目的长期环境效益密切相关。项目经理需要精心规划项目进度，确保项目在预定时间内完成，以尽快实现环境治理目标。同时，还要考虑到项目的长期运行效果，避免为了赶工期而牺牲工程质量，导致环境治理效果不佳或需要频繁维护。因此，在时间管理上，项目经理需要灵活调整，既要保证项目按时完成，又要确保工程质量符合长期运行要求。

② 资源目标：优化资源配置，注重环保与经济效益的双重考量

环境工程项目往往涉及大量的资源投入，包括资金、设备、人力等。项目经理需要在有限的资源条件下，合理规划和使用资源，以实现项目的经济效益和环境效益双重目标。在资源分配上，要优先考虑环保材料和技术的应用，减少对环境的影响。同时，通过技术创新和精细化管理，降低项目成本，提高资源利用效率。此外，项目经理还需要积极争取政府补贴、社会捐赠等外部资源支持，以缓解资源压力。

③ 质量要求：确保治理效果达标，注重技术创新与标准化管理

环境工程项目的质量要求极为严格，必须确保治理效果达到国家环保标准和客户要求。项目经理需要依据项目特点和治理目标，制订详细的技术标准和质量控制计划。在项目实施过程中，要注重技术创新和标准化管理，采用先进的治理技术和工艺，确保工程质量符合设计要求。同时，加强质量检查和验收工作，及时发现和解决质量问题，确保项目治理效果达标。

④ 客户满意度：关注客户需求，强化沟通与反馈机制

在环境工程项目中，客户满意度是衡量项目成功与否的重要指标。项目经理需要深入了解客户需求和期望，与客户保持密切沟通，及时反馈项目进展和治理效果。在项目设计阶段，要充分考虑客户的意见和建议，确保项目方案符合客户要求。在项目实施过程中，要定期向客户汇报项目进展和治理效果，积极回应客户的关切和疑虑。在项目完成后，要进行客户满意度调查，收集客户的反馈意见，为今后的项目改进提供参考。

此外，环境工程项目管理还需要特别关注以下几个方面：

① 环境风险评估与防控

在项目前期，要对项目可能产生的环境影响进行全面评估，制订有效的风险防控措施，确保项目在实施过程中不对环境造成负面影响。

② 公众参与与社区协调

环境工程项目往往涉及社区居民的切身利益，项目经理需要积极与社区居民沟通，了解他们的需求和关切，争取他们的理解和支持。同时，要建立健全的公众参与机制，让社区居民参与到项目决策和实施过程中来，共同推动项目的顺利进行。

③ 合规性与监管

环境工程项目必须严格遵守国家环保法律法规和相关政策要求。项目经理需要加强对项目合规性的管理和监督，确保项目在实施过程中不违反法律法规和政策要求。同时，要积极接受政府监管部门的检查和指导，及时整改存在的问题和不足。

综上所述，环境工程项目管理需要综合考虑时间、资源、质量要求和客户满意度等多个目标，并特别关注环境风险评估与防控、公众参与与社区协调以及合规性与监管等特定要求。通过科学规划、精细管理和技术创新等手段，不断提高项目管理水平，确保项目的顺利实施和长期效益的发挥。

(4) 环境工程项目管理的任务

环境工程项目管理的任务主要有以下几个方面。

① 项目管理的启动。了解客户的需求，确认项目目标，项目的目标是时间目标、质量目标、资源目标和客户满意度；要明确项目范围，使团队成员和客户清楚地知道所要完成的任务；建立项目的优先级，项目经理要给项目排出优先顺序，确保完成那些最能满足客户需要，同时也是收益最高的项目；创建项目计划；对项目进行风险评估。

② 建立项目管理组织。明确项目各参加单位在项目实施过程中的组织关系和联系渠道，选择合适的项目组织结构形式；做好项目启动前的各项准备工作和组织工作；建立一个职能分明的领导班子；聘任项目经理和项目组成员。

③ 资源控制。起草投资计划，业主编制投资计划，施工单位编制施工成本计划；均衡各个因素，把资源控制在计划目标内。

④ 进度控制。通过进度计划，项目团队管理时间和完成项目所需的相关资源。可以采用基于网络的关键路线法（CPM）来编制进度计划，安排好各项工作的先后顺序，规定其开工、完工时间，明确关键路线的时间；经常检查计划进度执行情况，及时处理过程中出现的延误进度的问题，认真做出解决方案，必要时可以适当调整原计划。

⑤ 质量控制。项目伊始就要规定项目工作的技术标准；对各项工作进行质量监督；对不合格的工作进行及时处理。

⑥ 安全控制。保证施工人员和用户的健康与安全；依据具体的情况和条件，制订相关的安全生产、作业规范，建立安全组织检查机构；遵守国家法律法规规定；及时、正确处理安全事故。

⑦ 合同管理。起草合同文件，修改合同，签订合同；处理合同纠纷。

⑧ 信息管理。确定参与项目单位及项目组内的信息收集和处理的方法、手段；保持相互间信息传递的畅通、准确；明确信息传递的形式、时间和内容。

第 7 章

思考题

7-1　简述工程项目的含义及其主要特点。

7-2　环境工程项目管理与一般工程项目管理有何异同？

7-3　列举环境工程项目管理的几个关键要素。

7-4　解释环境工程项目管理的几种主要类型，并给出实例。

7-5　分析环境工程项目管理在项目生命周期中的不同阶段任务。

在线习题

在线习题

第 8 章
环境工程项目策划

学习目标

理解环境工程项目策划的基本概念及其重要性。

掌握工程环境调查与分析的方法和步骤。

能够制订环境工程项目的前期策划方案。

8.1 环境工程项目策划的基本概念

8.1.1 定义及目的

环境工程项目策划是指在工程项目建设前期，通过内外环境调查和系统研究分析，在充分占有及了解信息的基础上，针对项目的决策和实施，或决策和实施的某个问题，进行组织、管理、经济和技术等方面的科学分析和论证，使项目建设有正确的方向和明确的目的，也使建设项目设计工作有明确的方向并能达到实现项目投资增值的动态过程。

环境工程项目的增值体现在人类生活和工作的环境保护和节能、建筑环境、使用功能和建设质量、建设成本和经营成本、社会效益和经济效益、建设周期等多方面效果的改善。

　　环境工程类项目一般是由政府主导的，并不以经济收益而是以满足一定的社会效益（需求）作为投资目的的项目。这类项目策划的目的主要是把建设意图转换成定义明确、要求清晰、目标明确且具有强烈可操作性的项目策划文件，回答为什么要建、如何建、如何使投资更合理的问题，从而为项目的决策和实施提供全面完整的、系统性的计划和依据。因此环境工程策划项目可以分为环境工程项目决策策划和环境工程项目实施策划两类。决策策划解决"为什么要建"或"建什么"的问题，实施策划解决"怎么建"或"如何建"的问题。它们的意义都在于其工作成果使项目的决策和实施有据可依，并且这类项目成立的重要判据是有无满意的效能和成本比。

8.1.2　项目策划特点

　　虽然策划人员面对的环境工程项目都会有所差异，但是无论是哪一个项目策划都会具有以下四个特点。

（1）重视同类项目经验和教训的深度分析与总结，强化环境适应性

　　环境工程项目策划在项目实施前，不仅依赖于大量的历史数据来支撑决策，还特别强调对同类项目在环境保护、生态影响、污染治理等方面的经验和教训进行深入分析。这包括了对成功项目的实践进行提炼，以及对失败项目的教训进行反思。通过这样的过程，策划人员可以更有效地避免出现重复错误，同时结合项目所在地的具体环境特点，如气候、地质、生态敏感性等，进行针对性的决策，确保项目在满足环境治理需求的同时，也能与当地环境和谐共生。

（2）强调创新与创意，以绿色、可持续理念为核心寻求增值

　　环境工程项目策划不仅仅是追求经济效益的过程，更是实现环境效益和社会效益的关键。策划人员需运用创新思维，结合绿色、可持续的发展理念，提出既能有效治理环境问题，又能促进资源节约、环境友好的创意方案。这包括探索新技术、新材料的应用，以及优化工艺流程，减少能耗和排放，从而在差异化中寻求更多的经济、环境和社会增加值，实现项目的综合价值最大化。

（3）作为知识管理的深化过程，注重环保专业知识的整合与应用

　　环境工程项目策划涉及的知识管理不仅涵盖了项目论证、可行性分析、组织策划、管理策划等通用环节，还特别强调环保专业知识的整合与应用。这要求策划人员具备深厚的环保理论基础和实践经验，能够准确评估项目的环境影响，制订科学合理的污染治理和生态保护措施。同时，成功的环境工程项目策划也为组织和企业积累了宝贵的环保项目管理知识，为未来的类似项目提供了可借鉴的范例和知识储备。

（4）动态调整与持续优化，确保策划方案与环境变化的紧密匹配

　　鉴于环境工程项目策划发生在项目实施的前期阶段，而项目实施过程中可能面临诸多不确定性和变化，如政策法规的调整、环境标准的提升、新技术的涌现等，策划人员必须保持高度的敏感性和灵活性，持续关注环境变化，加强策划方案与环境、资源等条件的动态匹配。这意味着在项目策划结束后，仍需进行定期的评估和调整，确保策划方案的有效性和适应性，及时控制和纠正存在的问题，推动项目向更加绿色、高效、可持续的方向发展。

8.1.3　基本原则

结合环境工程项目的特性和目标，环境工程的项目管理与环境保护、生态治理及可持续发展紧密相关。

（1）整体规划与环境友好原则

环境工程项目策划的整体规划不仅要考虑项目的经济效益和社会效益，更要将环境保护作为核心要素。这意味着在策划阶段，就需要全面评估项目对自然环境、生态系统及人类健康可能产生的影响，确保项目设计、施工和运营全过程中采取的环境保护措施与整体规划相协调，实现经济发展与环境保护的双赢。此外，整体规划还需考虑项目的长期环境效应，确保项目在退役或关闭后不对环境造成不可逆的损害。

（2）客观现实与生态适应性原则

在策划环境工程项目时，客观性和科学性尤为重要。这要求策划人员不仅要深入调查项目的现实状况，获取准确的环境数据，还要充分了解项目所在地的生态系统特征、生物多样性状况及潜在的环境风险。基于这些客观资料，策划应体现对环境的适应性，即在项目设计、技术选型、污染治理措施等方面，充分考虑当地环境条件和生态敏感性，避免对生态系统造成不必要的干扰和破坏。

（3）切实可行与环保效益原则

环境工程项目的策划方案不仅要具备经济上的可行性，更要强调环保效益的最大化。这包括通过采用高效节能的技术和设备、实施严格的污染控制和资源回收利用措施，确保项目在减少污染物排放、提高资源利用效率、促进循环经济发展等方面取得显著成效。同时，策划方案还需考虑项目的社会接受度和公众参与度，确保项目在实施过程中能够得到社会各界的支持和配合。

（4）慎重筹谋与风险评估原则

环境工程项目的策划过程需要格外慎重，因为任何疏忽都可能对环境和生态系统造成不可逆转的影响。在策划阶段，应全面识别和分析项目可能面临的环境风险，包括污染事故、生态破坏、健康风险等，并制订相应的风险防控和应急预案。此外，策划还需考虑项目对当地社区和利益相关者的潜在影响，通过充分的沟通和协商，确保项目方案在环保、社会和经济方面都能得到广泛认可和支持。

（5）出奇制胜与创新驱动原则

在环境工程项目策划中，出奇制胜不仅体现在策略上的独特性和创新性，更在于技术、管理和政策层面的突破。通过引入新技术、新材料、新工艺，以及创新的管理模式和政策机制，推动项目在环境治理、资源节约和生态修复等方面取得突破性进展。同时，策划还需关注国内外环保领域的最新动态和趋势，借鉴成功经验，结合自身实际进行创新实践。

第8章

(6) 讲求时效与灵活调整原则

环境工程项目的策划和实施需要紧密把握时机，确保项目能够在最佳的时间窗口内启动并推进。同时，由于环境条件和政策要求可能随时间发生变化，策划方案需要具备足够的灵活性和适应性，能够根据实际情况进行适时调整和优化。这要求策划人员保持高度的敏感性和预见性，及时跟踪项目进展和外部环境变化，确保项目始终沿着正确的方向前进。

(7) 群体意识与多方协作原则

环境工程项目的策划和实施涉及多个利益相关方，包括政府、企业、社区、环保组织等。为了确保项目的成功实施和环保目标的实现，需要建立广泛的合作机制和沟通平台，促进各方共同参与和协作。这要求策划人员具备群体意识，能够凝聚各方智慧和力量，形成合力推动项目进展。同时，还需注重利益相关方的参与度和满意度，确保项目方案在实施过程中能够得到各方的支持和配合。

8.1.4　策划方法及操作步骤

(1) 环境工程项目策划方法

① 以事实为依据的策划方法

以事实为依据的策划强调对环境工程项目所在地的自然环境、社会环境和生态环境进行全面而深入的调查，收集并分析相关数据和信息。基于事实记录和收集的相关数据和信息，对于认识项目与社会生产、生活的关系，确保项目策划符合实际情况、具有可操作性非常有益。

在策划过程中，重视项目对环境的影响，确保项目在实施过程中不对环境造成负面效应。

② 以技术为手段的策划方法

运用高技术手段对项目与生产和生活相关信息进行推理和分析，如使用遥感技术、GIS 系统等现代技术手段进行环境监测和数据分析。在技术推理的基础上，结合环境工程项目的实际需求，选择合适的污染治理技术、资源回收技术等，确保项目在实施过程中能够达到预期的环保效果。同时，也要关注技术的发展趋势和创新点，将新技术、新材料、新工艺等应用于项目策划中，提高项目的科技含量和竞争力。

③ 以规范为标准的策划方法

遵循国家环保法律法规、行业标准和政策要求，确保项目策划符合相关规范。在策划过程中，参考已有的环保项目经验和案例，借鉴其成功的经验和做法，避免重复劳动和错误决策。同时，也要关注政策的变化和趋势，及时调整项目策划方案，确保项目在实施过程中能够顺应政策要求，获得政策支持和优惠。

④ 综合性的项目策划方法

将上述三种策划方法统而合一，从事实的实态调查入手，以规范的既有经验、资料为参考依据，使用现代技术手段进行综合分析论证。在策划过程中，注重把握项目的整体性和系统性，确保项目策划方案在环保、经济、社会等方面都具有可行性和可持续性。同时，也要注重与利益相关方的沟通和协调，确保项目策划方案能够得到各方的支持和配合。

（2）环境工程项目策划操作步骤

① 明确项目目标和范围

与团队成员、利益相关者和客户共同讨论，明确项目的目标、预期成果和关键交付物。

定义项目的范围，包括需要完成的具体任务、工作包和里程碑。

② 进行环境调查与分析

对项目所在地的自然环境、社会环境和生态环境进行全面而深入的调查和分析。

收集政府政策、法规及城市总体规划等相关信息，确保项目符合现行政策、法规和城市总体规划要求。

了解项目所在地的自然条件、历史资料、技术经济资料和市场情况资料等，为项目策划提供依据。

③ 制订项目策划方案

根据项目目标和范围，结合环境调查与分析的结果，制订详细的项目策划方案。方案应包括项目的总体设计、技术路线、实施方案、风险防控措施等内容。同时，也要制订项目的时间表、预算和资源分配计划，确保项目能够按计划顺利进行。

④ 进行风险评估与应对

识别项目中可能面临的风险，如技术难题、资源短缺、政策变化等。评估风险的潜在影响，制订相应的应对策略和预防措施。建立风险监控机制，实时监控风险状况，及时调整应对策略。

⑤ 实施项目策划方案

按照项目策划方案的要求，组织项目实施团队进行项目实施。在实施过程中，保持与团队成员、利益相关者和客户的密切沟通，确保项目按计划顺利进行。同时，也要关注项目实施的进度和质量，及时进行质量检查和监控。

⑥ 项目验收与总结

在项目实施完成后，组织项目验收团队进行项目验收。验收内容包括项目的实施效果、质量标准、环保效果等方面。验收结果应由项目指挥部和政府部门共同确认。项目验收完成后，组织项目团队进行项目总结和经验分享，形成项目报告和经验教训总结报告。

8.2　工程环境调查与分析

8.2.1　环境调查内容及作用

环境调查与分析是决策策划的第一步。通过环境调查，可以获得大量的信息，进而进行整理和分析，为项目的前期策划提供依据。环境类项目一般会引起项目所在地自然环境、社会环境和生态环境的变化，通过全面而深入地调查和分析项目建设所在地的环境，可以为科学决策提供依据。环境调查内容多、涉及面广，所以环境调查应系统，尽可能用数据说话，主要着眼于历史资料和现状，对目前的情况和今后的发展趋向做出初步评价。

从总体上讲，环境调查应该以项目为基本出发点，对项目实施所可能涉及的所有环境因素进行系统性的思考，以其中对项目影响较大的核心因素为调查的重点，尤其应将项目策划和项目实施所需要依据和利用的关键因素和条件作为主要的考虑对象，进行全面深入的调查。

具体地说，环境调查主要包含以下几方面的内容。

① 政府政策、法规及城市总体规划。相关政策、法规、规划等的调查研究，有助于确定项目建设所应遵循的规范不与现行政策、法规和城市总体规划相冲突。同时，对这些情况的了解也有助于项目的报批。

② 自然条件和历史资料，如地形图、气象资料、水文资料、地震及地质资料和项目所在地的历史沿革资料等。这些资料是设计工作的依据，也是进行项目定义的依据。例如在进行项目定义时就应该考虑：所建项目是否应反映该地的风土人情，是否应考虑该地的历史沿革，是否会影响当地民众的生活工作等。

③ 技术经济资料。对自然资源情况，经济状况，土地利用情况，商业、服务业、工业企业的现状，对外交通情况，文教卫生现状，行政机关和商业网点现状等这些情况的了解，有助于明确该项目的有利条件和不利条件，在项目定义策划时应加以充分考虑。

④ 市场情况资料。了解项目建设的资金来源、数量、利率、汇率及风险等，为项目融资策划和制订投资计划提供依据。建筑市场，既要了解国外同类型建筑的情况，也要了解国内、区域内及当地同类型建筑的情况；不仅要了解这些项目的规模，而且要了解它们的经营状况，这将对拟建项目的可行性论证及规模提供充分的参考依据。同时，对建筑市场的了解，也包括了解建筑队伍、建筑材料、建筑机械等情况，可为合理安排施工顺序、施工进度提供依据。

⑤ 最终用户需求。很多项目的失败，均可归结为对用户需求的不了解或理解偏差上。最终用户的需求是项目环境规划、公建配套、单体设计的立足点，因此也可以说它是项目环境调查的重点。

8.2.2　环境调查步骤

调查的步骤，可以分为以下三个阶段。

① 预备调查阶段。主要通过分析和非正式调查，确定调查问题或目标及其范围。

② 正式调查阶段。在确定调查问题或目标以后，先要确定收集资料的方法，准备所需的调查表格，设计抽样方法，然后进行实地调查，取得调查资料。

③ 结果处理阶段。将调查收集到的资料进行整理和分析，提出报告并进行跟踪与修正，以便后面用于决策策划。

（1）预备调查阶段

在预备调查阶段，主要目标是确定环境工程项目调查的问题或目标及其范围。这一阶段的工作对于后续的环境工程项目策划至关重要。

① 问题分析：分析环境工程项目的背景、目的和预期成果。确定调查需要解决的关键环境问题，如污染源、生态影响、环境质量等。

② 非正式调查：通过初步的资料收集和现场观察，了解项目所在地的自然环境、社会环境和生态环境概况。与项目相关方进行初步沟通，收集他们的意见和建议。

③ 确定调查范围：根据问题分析和非正式调查的结果，明确环境工程项目调查的具体范围，包括地理范围、时间范围、调查内容等。

（2）正式调查阶段

在正式调查阶段，需要决定收集资料的方法，准备调查表格，设计抽样方法，并进行实地调查以取得调查资料。

① 收集资料方法：选择适合环境工程项目的调查方法，如现场实地考察、相关部门走访、有关人员访谈、文献调查与研究及问卷调查等。确保所选方法能够全面、准确地反映项目所在地的环境状况。

② 准备调查表格：根据调查内容和要求，设计合理的调查表格，用于记录实地调查和访谈的结果。表格应包含必要的调查指标、数据记录和备注栏等。

③ 设计抽样方法：根据项目特点和调查要求，设计合理的抽样方法，确保样本具有代表性和可靠性。抽样方法可以是随机抽样、分层抽样、系统抽样等。

④ 实地调查：按照设计的抽样方法和调查表格，进行实地调查，收集环境数据和信息。实地调查过程中，应注意保护现场环境，避免对环境造成破坏或污染。

⑤ 资料整理与分析：对收集到的环境数据和信息进行整理和分析，识别环境问题的关键点和影响因素。分析过程中，可采用统计分析、趋势分析、对比分析等方法。

（3）结果处理阶段

在结果处理阶段，需要将调查收集到的资料进行整理和分析，提出报告并进行跟踪与修正，以便后续用于环境工程项目的决策策划。

① 提出报告：根据整理和分析的结果，撰写环境调查报告，明确调查结论和建议。报告应包括调查背景、目的、方法、结果、结论和建议等内容。

② 跟踪与修正：对环境调查报告进行跟踪，关注环境状况的变化和趋势。根据跟踪结果和新的环境数据，对环境调查报告进行必要的修正和完善。

③ 决策策划：将环境调查报告作为环境工程项目决策策划的重要依据。结合项目目标和实际情况，制订科学合理的环境工程项目策划方案和实施计划。

8.2.3　环境预测

环境预测是建立在环境调查和研究基础上的科学推算，即根据过去和现在预计未来，根据已知推测未知，根据主观的经验和教训、客观的资料与条件、演变的逻辑与推断，来寻求环境的变化规律。搞不搞环境预测，预测正确与否，关系到项目策划能否成功。

（1）环境预测在环境工程项目中的重要性

① 项目策划的基础：环境预测能够为环境工程项目的策划提供科学依据，帮助确定项目的目标、规模、技术方案和投资预算。

通过预测环境变化趋势，可以评估项目对环境的潜在影响，从而制订针对性的环境保护和治理措施。

② 风险管理的关键：环境预测能够识别项目实施过程中可能遇到的环境风险，如污染扩散、生态破坏等，为风险管理提供预警机制。基于预测结果，可以制订风险应对策略，降低项目风险，确保项目顺利实施。

③ 政策符合性的保障：环境预测有助于了解国家和地方环保政策、法规及标准的变化趋势，确保环境工程项目符合相关政策要求。通过预测政策走向，可以及时调整项目策划方案，以顺应政策导向，获取政策支持和优惠。

（2）环境预测在环境工程项目中的应用

① 确定项目目标和范围：根据环境预测结果，明确环境工程项目的目标和范围，包括治理对象、治理目标、治理期限等。结合预测数据，制订详细的项目实施计划和时间表。

② 技术方案的选择与优化：基于环境预测结果，分析不同技术方案的环境适应性、经济性和可行性，选择最佳技术方案。针对预测中可能出现的环境问题，优化技术方案，提高治理效果。

③ 环境风险评估与管理：利用环境预测方法，识别项目实施过程中可能遇到的环境风险，评估风险发生的可能性和影响程度。制订风险应对策略，包括风险预防、风险减轻、风险转移和风险接受等措施，降低项目风险。

④ 政策符合性评估与调整：根据环境预测结果，评估项目是否符合国家和地方环保政策、法规及标准的要求。如预测到政策变化，及时调整项目策划方案，确保项目符合新政策要求，避免政策风险。

⑤ 项目效果评估与反馈：在项目实施过程中和完成后，利用环境预测方法对项目效果进行评估，包括环境质量改善程度、治理效果等。根据评估结果，及时调整项目实施方案，优化治理措施，提高项目效果。

（3）环境预测方法与环境工程项目的结合

① 主观性预测方法的应用：宏观预测方法，如类推预测法、理论推定法等，可用于评估环境工程项目的整体环境影响和趋势。微观预测方法，如意见调查法、专家调查法等，可用于收集利益相关方的意见和建议，为项目策划提供决策支持。

② 客观性预测方法的应用：时间系列预测方法可用于分析环境质量指标的历史变化趋势，预测未来环境质量状况。因果关系模型和结构关系模型可用于分析环境因素之间的相互作用关系，评估项目对环境的潜在影响。

③ 综合应用多种预测方法：在环境工程项目中，应综合应用多种预测方法，以提高预测的准确性和可靠性。通过对比分析不同预测方法的结果，找出共性问题和差异点，为项目策划提供全面、客观的决策依据。

8.2.4 环境分析及实现目标

环境分析就是分析项目策划的约束条件，包括技术约束、资源约束、组织约束、法律约束等各种环境约束。预先对策划环境进行细致的分析，找出各种可能的约束条件，是拟定实际可行策划方案的前提条件。

影响建设项目的因素是广泛而复杂多变的，同时各个因素间也存在交叉作用。每一个项目策划人员必须随时注意环境的动态性及项目对环境的适应性。环境一旦变化，项目就必须积极地、创造性地适应这种变化。因此作为项目策划的基石，环境分析在项目策划中起着举足轻重的作用。

(1) 环境分析在环境工程项目中的重要性

① 识别关键约束条件：环境分析能够识别出环境工程项目在实施过程中可能遇到的各种约束条件，如技术可行性、资源可用性、法律法规限制等。这些约束条件的分析有助于项目团队在项目策划阶段就做出合理的规划和调整，确保项目方案的可行性和合法性。

② 评估项目适应性：通过深入分析项目外部环境（如社会经济环境、自然环境、政策法规等）和内部环境（如项目需求、功能定位、技术条件等），项目团队可以评估项目对环境的适应性。这种适应性评估有助于项目在面对环境变化时做出及时调整，确保项目的顺利实施和可持续发展。

③ 指导项目策划与设计：环境分析的结果能够为环境工程项目的策划与设计提供科学依据。通过了解用户需求、市场趋势和法律法规要求，项目团队可以制订出更加符合实际、具有前瞻性的项目方案。

(2) 环境分析在环境工程项目中的应用

① 外部环境分析

法律法规与政策分析：分析国家及地方关于环境保护、污染治理、资源利用等方面的法律法规和政策要求，确保项目符合相关政策导向。

社会经济环境分析：评估项目所在地的经济发展水平、产业结构、人口构成、消费习惯等因素，为项目定位和市场分析提供依据。

自然环境分析：考察项目所在地的地理位置、气候条件、自然资源等自然因素，为项目选址、工艺设计提供基础数据。

基础设施与城市规划分析：了解项目所在地的交通、供水、供电、排污等基础设施状况以及城市规划要求，确保项目与城市规划相协调。

② 内部环境分析

项目需求分析：明确项目的目标、功能定位、处理规模等关键信息，为项目设计提供明确方向。

技术条件分析：评估项目所需技术的成熟度、可靠性、经济性等因素，选择合适的工艺技术。

资源条件分析：分析项目所需原材料、能源、水资源等资源的可获得性和成本，确保项目资源供应的可持续性。

项目管理与运营分析：制订项目管理和运营方案，确保项目在实施和运营过程中能够达到预期效果。

（3）实现目标在环境工程项目中的策略

① 明确项目目标：在项目策划阶段，明确环境工程项目的具体目标，如污染物减排量、资源回收利用率、生态环境改善程度等。这些目标应具有可衡量性、可实现性和时间限制性，以便在项目执行过程中进行监控和评估。

② 制订实施计划：根据环境分析的结果和项目目标，制订详细的项目实施计划，包括时间表、任务分配、资源配置等。实施计划应具有灵活性和可调整性，以便在面对环境变化时能够做出及时调整。

③ 监控与评估：建立项目监控和评估机制，定期对项目进展、资源消耗、环境影响等方面进行评估。根据评估结果，及时调整项目实施方案，确保项目能够按计划顺利推进并实现预期目标。

④ 持续优化与改进：在项目实施过程中，不断收集用户反馈、市场变化等信息，对项目方案进行持续优化和改进。通过引入新技术、新工艺和新管理方法，提高项目的效率和质量，降低运行成本和环境影响。

8.3　环境工程项目前期策划

8.3.1　前期策划的定义及重要性

环境工程项目前期策划是指从环境工程项目的构思到项目批准、正式立项为止的过程。每个工程项目都具有它的单件性特性。因此作为施工单位，能否把握好一个项目施工前期的策划工作，是该项目能否顺利实施的关键。工程项目的确立是一个极其复杂的同时又是十分重要的过程，要取得项目的成功，必须在项目前期策划阶段就进行严格的项目管理。例如，在建设污水处理厂时，必须进行污水处理工艺的经济比较和技术比较，及考虑当地的周围环境，才能选出适合该地的工艺。工程项目是将原直觉的项目构思和期望引导到经过分析、选择得到的有根据的项目建议，是项目目标设计的里程碑。古人云："兵无谋不战，谋当底于善"，其中"谋"乃指的是筹划、运筹。而在工程项目管理中"谋"往往放在前期策划过程中。

8.3.2　工程项目构思的产生和选择

项目构思是对项目机会的捕捉，人们对项目机会必须有敏锐的感知，项目构思的起因可能有：

① 通过市场研究发现新的投资机会、有利的投资地点和投资领域，开拓新市场，扩大市场占有份额；出现新技术、新工艺和新的专利产品。

② 解决社会或经济中存在的问题或困难。例如，当经济发展与环境之间出现矛盾时，工程项目的构思便显得尤为重要。这种矛盾可能表现为资源过度开采导致的环境破坏、工业污染对生态系统的负面影响，或是城市化进程中绿地减少、空气质量下降等问题。为了解决这些由经济发展带来的环境问题，寻找可持续的发展方案就成为工程项目构思的方向，如开发清洁能源项目、实施环境修复工程、建设绿色基础设施等。这些项目的构思不仅旨在促进经济增长，还着重于保护生态环境，以实现经济、社会和环境的协调发展。

③ 上层战略或计划的分解，如国家、地区、城市的发展计划，包括国民经济发展计划、地区发展计划、部门计划、产业结构、产业政策和经济状况的改善。

④ 项目业务，如建筑承包公司的项目。

⑤ 通过生产要素的合理组合，产生项目机会。

项目的构思是丰富多彩的，但在考虑构思的选择时，要注意以下几点：

① 解决问题和需求的现实性。

② 考虑环境的制约和充分利用资源，利用外部条件。

③ 充分发挥自己已有的长处，运用自己的竞争优势，或达到合作各方竞争优势的最优组合。

8.3.3　项目的目标设计和项目定义

在环境工程项目中，上层系统可能是一个受到污染影响的地区、一个关注可持续发展的政府机构，或者一个致力于环境保护的非政府组织。这些上层系统对环境工程项目提出具体的要求和期望，如减少污染、恢复生态系统、提高资源利用效率等。项目团队需要深入了解上层系统的需求和目标，以确保项目能够与之保持一致。

（1）目标管理方法在环境工程项目中的应用

在环境工程项目中，目标管理方法需要特别强调以下几点：

环保目标：确保项目在实施过程中和完成后都能达到或超过环境保护的相关标准和要求。

可持续发展目标：项目的目标应与可持续发展原则相一致，包括资源的合理利用、环境的保护以及社会经济的协调发展。

公众参与：在目标设定过程中，应考虑公众的意见和需求，确保项目能够得到社会的广泛支持和认可。

（2）情况分析和问题的研究

在环境工程项目中，情况分析应更加关注以下几个方面：

环境影响评估：对项目可能产生的环境影响进行全面评估，包括空气、水体、土壤和生态等方面的影响。

政策法规符合性：检查项目是否符合国家和地方的环境保护政策法规，以及相关的环保标准和规范。

利益相关者分析：识别并分析项目涉及的所有利益相关者，包括政府、企业、社区、环保组织等，了解他们的需求和期望。

技术可行性分析：评估项目所采用的技术是否成熟、可靠，是否能够满足环保要求。

（3）项目的目标设计

在环境工程项目的目标设计中，应特别强调以下几点：

环境保护目标：明确项目在环境保护方面的具体目标，如减少污染物排放、恢复生态系统功能等。

资源节约目标：设定项目在资源利用方面的目标，如提高资源利用效率、减少资源浪费等。

社会影响目标：考虑项目对社会经济、文化、就业等方面的影响，并设定相应的目标。

技术创新目标：鼓励在项目中采用新技术、新工艺，以提高环保效果和资源利用效率。

（4）目标系统的建立

在环境工程项目的目标系统中，应确保强制性目标和期望性目标之间的平衡。强制性目标可能包括法律法规的要求、环保标准等；而期望性目标则可能包括提高公众满意度、促进社区发展等。在目标系统设计时，应充分考虑这些因素，并寻求它们之间的妥协和调整。

（5）项目的定义

在环境工程项目的定义中，应特别强调以下几点：

环保措施：详细描述项目将采取的环保措施，包括污染控制、生态恢复、资源节约等方面的措施。

环境影响预测：对项目可能产生的环境影响进行预测，并提出相应的缓解措施。

利益相关者沟通：说明项目如何与利益相关者进行沟通，以确保他们的需求和期望得到满足。

可持续发展方案：提出项目在可持续发展方面的具体方案，包括资源利用、环境保护、社会经济发展等方面的方案。

（6）项目的审查和选择

在环境工程项目的审查和选择中，应特别关注以下几点：

环保合规性：检查项目是否符合国家和地方的环保政策法规和标准。

环境影响评估报告：审查项目提交的环境影响评估报告，确保其真实、准确、全面。

利益相关者意见：考虑利益相关者的意见和反馈，确保项目能够得到广泛的支持和认可。

可持续发展评估：对项目在可持续发展方面的表现进行评估，确保其符合可持续发展的原则和要求。

8.3.4　项目可行性研究

做完项目审查，就可提出项目建议书，准备可行性研究了。项目建议书是对项目目标系统和项目定义的说明和细化，同时作为后续的可行性研究、技术设计和计划的依据，将目标转变成具体的实在的项目任务，提出要求，确定责任者。建议书必须包括项目可行性研究、设计和计划，实施所必需的总体信息、方针、说明。

8.3.4.1　项目可行性研究的作用

① 作为项目投资决策的依据。一个项目成功与否及效益如何，会受到社会的、自然的、经济的、技术的诸多不确定因素的影响，而项目的可行性研究，有助于分析和认识这些因素，并依据分析论证的结果提出可靠的或合理的建议，从而为项目的决策提供强有力的依据。

② 作为向银行等金融机构或金融组织申请贷款、筹集资金的依据。银行是否给一个项目贷款融资，其依据是这个项目是否能按期足额归还贷款本息。银行只有在对贷款项目的可行性研究进行全面细致的分析评价之后，才能确认是否给予贷款。例如，世界银行等国际金融组织都视项目的可行性研究报告为项目申请贷款的先决条件。

③ 作为编制设计和进行建设工作的依据。在可行性研究报告中，对项目的建设方案、产品方案、建设规模、厂址、工艺流程、主要设备和总图布置等做了较为详细的说明，因此，在项目的可行性研究得到审批后，即可以作为项目编制设计和进行建设工作的依据。

④ 作为签订有关合同、协议的依据。项目的可行性研究是项目投资者与其他单位进行谈判，签订承包合同、设备订货合同、原材料供应合同、销售合同及技术引进合同等的重要依据。

⑤ 作为项目进行后评价的依据。要对投资项目进行投资建设活动全过程的事后评价，就必须以项目的可行性研究作为参照物，并将其作为项目后评价的对照标准，尤其是项目可行性研究中有关效益分析的指标，无疑是项目后评价的重要依据。

⑥ 作为项目组织管理、机构设置、劳动定员的依据。在项目的可行性研究报告中，一般都需对项目组织机构的设置、项目的组织管理、劳动定员的配备及其培训、工程技术及管理人员的素质及数量要求等做出明确的说明。

⑦ 作为环保部门审查项目环境影响的依据，也作为向项目所在地政府和规划部门申请建设执照的依据。

8.3.4.2　项目可行性研究的阶段划分

我国建设项目可行性研究的阶段是在吸收国外经验的基础上，结合我国计划编制和基建程序的规定，经过各行业部门的研究、实践逐渐形成的。我国现阶段可行性研究可划分为以下三个阶段：

① 项目建议书阶段。项目建议书主要是根据长期计划要求、资源条件和市场需求，

鉴别项目的投资方向，初步确定上什么项目，着重分析项目建设的必要性，初步分析项目的可行性，因此大体上相当于国外的机会研究和初步可行性研究阶段。

我国类似于国外机会研究的工作是在国家、部门和地区的长期计划中进行的。重点项目在长期计划中初步提出项目设想，在项目建议书阶段再对项目进行初步技术经济分析，从而提出项目建议书；一般项目则在国家各级长期计划和行业、地区规划指导下进行项目机会研究，提出项目建议书。

我国可行性研究是根据批准的项目建议书进行的，除利用外资的重大项目和特殊项目需要增加初步可行性研究外，一般项目不需要进行初步可行性研究。因此，项目建议书的技术经济分析深度应大体相当于国外的初步可行性研究，否则将影响项目决策的正确性。

② 可行性研究阶段。这一阶段要求对项目在技术上的可行性、经济上的合理性进行全面调查研究和技术经济分析论证，经过多方案比选，推荐编制设计任务书的最佳方案。

③ 项目评估决策阶段。评估是在可行性研究报告的基础上，落实可行性研究的各项建设条件，进行再分析、评价。评估一经通过，即可作为批准设计任务书的依据，项目即可列入五年计划。

8.3.4.3 工程项目可行性研究的工作程序

(1) 筹划准备

项目建议书被批准后，建设单位即可组织或委托有资质的工程咨询公司对拟建项目进行可行性研究。双方应当签订合同协议，协议中应明确规定可行性研究的工作范围、目标、前提条件、进度安排、费用支付方法和协作方式等内容。建设单位应当提供项目建议书和项目有关的背景材料、基本参数等资料，协调、检查、监督可行性研究工作。可行性研究的承担单位在接受委托时，应了解委托者的目标、意见和具体要求，收集与项目有关的基础资料、基本参数、技术标准等基础依据。

(2) 调查研究

调查研究包括市场、技术和经济三个方面的内容，如市场需求与市场机会、产品选择、需要量、价格与市场竞争；工艺路线与设备选择；原材料、能源动力供应与运输；建厂地区、地点、场址的选择，建设条件与生产条件等。对这些方面都要做深入的调查，全面地收集资料，并进行详细的分析研究和评价。

(3) 方案的制订和选择

这是可行性研究的一个重要步骤。在充分调查研究的基础上制订出技术方案和建设方案，经过分析比较，选出最佳方案。在这个过程中，有时需要进行专题性辅助研究，有时要把不同的方案进行组合，设计成若干个可供选择的方案，这些方案包括产品方案、生产经济规模、工艺流程、设备选型、车间组成、组织机构和人员配备等。在这个阶段有关方案选择的重大问题，都要与建设单位进行讨论。

(4) 深入研究

对选出的方案进行详细的研究，重点是在对选定的方案进行财务预测的基础上，进行项目的财务效益分析和国民经济评价。在估算和预测工程项目的总投资、总成本费用、销售税金及附加、销售收入和利润的基础上，进行项目的盈利能力分析、清偿能力分析、费用效益分析和敏感性分析、盈亏分析、风险分析，论证项目在经济上是否合理有利。

（5）编制可行性研究报告

在对工程项目进行了技术经济分析论证后，证明项目建设的必要性、实现条件的可能性、技术上先进可行和经济上合理有利，即可编制可行性研究报告，推荐一个以上的项目建设方案和实施计划，提出结论性意见和重大措施建议供决策单位作为决策依据。可行性报告有它特殊的要求和格式，在编制时应注意以下几点。

① 要准确简明地阐述工程项目的意义、必要性和重要性，突出针对性。

② 要注意表达的精确性，这是编制可行性研究报告时应特别注意的问题，在可行性研究报告中不应采用模糊不清的表达方式，如"基本上能够达到""如果这一点可能的话，还是比较有把握的"等。

③ 编写可行性研究报告应严肃认真。运用语言文字要标准，不使用不规范的字或词。

④ 可行性研究报告要注意内容的系统化和格式的统一。由于工程项目的可行性研究报告是由多种专业人员或多个单位协作完成的，各个单项研究报告又可能由多人编写；因此，应根据工作程序、性质和内容，事前提出各项的具体要求，统一编写的方法和内容安排。

⑤ 可行性研究报告要注意形式的规范化、参考文献条目要按照国家标准规定的格式书写。

（6）可行性研究报告内容

按照联合国工业发展组织（UNIDO）出版的《工业可行性研究编制手册》，可行性研究内容包括以下几点。

① 实施要点：对各章节的所有主要研究成果的扼要叙述。

② 项目背景和历史：项目的主持者、项目历史、已完成的研究和调查的费用。

③ 市场和工厂的生产能力：

a. 环境需求与市场分析：对于当前环境工程领域的规模及处理能力进行预估，回顾其历史增长趋势，并对未来增长潜力进行合理预测。考察区域内的环境工程项目分布状况，识别存在的主要环境问题及其发展前景。评估环境改善项目的成效，包括处理后的水质、空气质量等关键指标的普遍水平。分析以往及未来环境技术与设备的进口趋势，涵盖数量、价格及来源。探讨环境工程项目在促进国家绿色发展战略、满足环保法规要求及提升公众生活质量方面的作用。明确国家及地方层面对于环境工程项目的优先级设定及相关政策指标。估算当前对环保解决方案的大致需求规模，追溯过往需求的增长轨迹，并识别影响需求增长的关键因素及衡量指标。

b. 销售预测与市场经销策略：预期来自本地及国际市场的现有及潜在环境技术与服务提供商对本项目的竞争态势。分析市场本地化趋势，即如何使环保解决方案更好地适应本地环境条件和法规要求。制订销售策略，考虑如何通过技术创新、成本效益分析及定制化服务提升市场竞争力。同时，评估国内外经销商网络的建设与拓展策略，以确保环保产品与服务的有效推广与销售，特别是在目标市场面临激烈竞争的情况下。

c. 生产计划：产品、副产品、废弃物（废弃物处理的年费用估计）。

d. 工厂生产能力的确定：可行的正常工厂生产能力，销售、工厂生产能力和原材料投入之间的数量关系。

④ 原材料投入：投入品（原料、经过加工的工业材料、部件、辅助材料、工厂用物资、公用设施，特别是电力）的大致需要量，它们现有的和潜在的供应情况，以及对当地和国外原材料投入的每年费用的粗略估计。

⑤ 厂址选择：包括对土地费用的估计。

⑥ 项目设计：

a. 项目范围的初步确定。

b. 技术和设备：按生产能力大小所能采用的技术和流程，当地和外国技术费用的粗略估计，拟用设备的粗略布置，按上述分类的设备投资费用的粗略估计。

c. 土建工程：土建工程的粗略布置（场地整理和开发、建筑物和特殊的土建工程、户外工程），建筑物的安排，所要用的建筑材料的简略描述，按上述分类的土建工程投资费用的粗略估算。

⑦ 工厂机构和管理费用：

a. 机构设置：生产、销售、行政、管理。

b. 管理费用估计：工厂的、行政的、财政的。

⑧ 人力：

a. 人力需要的估计，细分为工人、职员，又分为各种主要技术类别。

b. 按上述分类的每年人力费用估计，包括关于工资和薪金的管理费用在内。

⑨ 制订实施时间安排：

a. 所建议的大致实施时间表。

b. 根据实施计划估计的实施费用。

⑩ 财务和经济评价：

a. 总投资费用：周转资金需要量的粗略估计、固定资产的估计、总投资费用（由上述所估计的各项投资费用总计得出）。

b. 项目筹资：预计的资本结构及预计需筹措的资金、利息。

c. 生产成本：由上述所估计的按固定和可变成本分类的各项生产成本的概括。

d. 在上述估计值的基础上做出财务评价：清偿期限、简单收益率、收支平衡点、内部收益率。

e. 国民经济评价：初步测试（项目换汇率、有效保护），利用估计的加权数和影子价格（外汇、劳力、资本）进行大致的成本-利润分析，创造就业机会的效果估计，外汇储备估计。

思考题

8-1　解释环境工程项目策划的含义及其作用。

8-2　描述工程环境调查与分析的主要内容和步骤。

8-3　在环境工程项目前期策划中，应考虑哪些关键因素？

8-4　如何制订一个有效的环境工程项目策划方案？

8-5　分析一个环境工程项目策划失败的原因，并提出改进建议。

在线习题

在线习题

第8章

第 9 章
环境工程项目投资控制

理解环境工程项目投资控制的含义、目的及其重要性。

掌握环境工程项目投资规划的基本步骤和方法。

能够运用所学知识，实施有效的环境工程项目投资控制措施。

9.1 环境工程项目投资控制的含义与目的

环境工程项目的投资是每个投资者所关心的重要问题，投资控制工作的成效直接影响建设项目投资的经济效益。建设项目投资及其控制贯穿工程建设的全过程，涉及工程建设参与各方的利益。

(1) 环境工程项目的投资费用

环境工程项目投资，是指进行一个环境工程项目的建造所需要花费的全部费用，即从环境工程项目确定建设意向直至建成竣工验收为止的整个建设期间所支出的总费用，这是保证工程项目建设活动正常进行的必要资金，是环境工程项目投资中的最主要部分。

从环境工程项目的建设以及建设项目管理的角度，投资控制的主要对象是建设投资，一般不考虑流动资产投资的问题。因此，通常仅就工程项目的建设及建设期而言，从狭义的角度，人们习惯上将建设项目投资与建设投资等同，将投资控制与建设投资控制等同。

（2）环境工程项目投资控制的含义

环境工程项目投资控制是指以建设项目为对象，为在投资计划值内实现项目而对工程建设活动中的投资所进行的规划、控制和管理。投资控制的目的，就是在建设项目的实施阶段，通过投资规划与动态控制，将实际发生的投资额控制在投资的计划值以内，以使建设项目的投资目标尽可能地实现。

在环境工程项目的建设前期，以投资的规划为主；在建设项目实施的中后期，投资的控制占主导地位。

① 投资的规划。在环境工程项目管理的不同阶段，投资的规划工作及主要内容见图9-1。

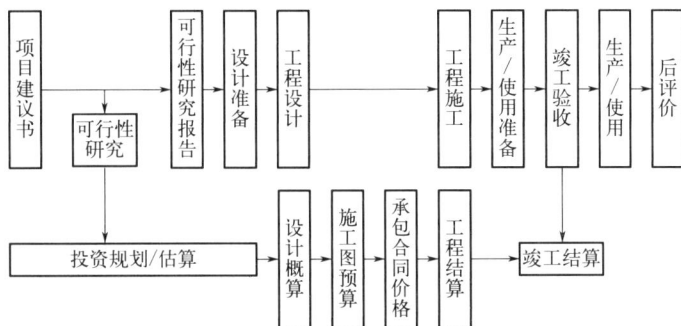

图 9-1 建设程序和各阶段投资费用的确定

② 投资的控制，就是指在建设项目的设计决策阶段、准备阶段、设计阶段、施工阶段、竣工结算阶段，都要实施投资控制，力求在环境工程建设中取得良好的投资效益和社会效益。

（3）环境工程项目投资控制的原理

"计划是相对的，变化是绝对的；静止是相对的，运动是绝对的"这一理念深刻揭示了环境工程项目管理的本质。在环境工程项目管理中，虽然规划和计划是项目成功的基础，但我们必须认识到，由于外部环境和内部因素的不断变化，这些计划往往需要根据实际情况进行调整。环境工程项目投资控制遵循动态控制原理。

1）动态控制原理

① 对计划的投资目标值的分析和论证：在项目启动阶段，应对投资目标值进行详尽的分析和论证。这包括考虑项目的规模、技术难度、市场条件、政策环境以及资金状况等多方面因素。通过与项目团队、专家以及利益相关者的深入讨论，确保投资目标值的合理性和可行性。制订详细的投资计划，包括预算分配、资金使用计划以及风险控制措施等。

② 投资发生的实际数据的收集：建立完善的投资数据收集系统，确保能够实时、准确地获取投资发生的实际数据。这包括但不限于工程进展、设备采购、人力成本、材料费用等各方面的支出数据。定期对数据进行整理和分析，以便及时发现问题和趋势。

③ 投资目标值与实际值的比较：将投资目标值与实际值进行定期比较，以评估项目的投资绩效。通过比较，可以发现投资偏差的程度和方向，为后续的决策提供依据。比较的结果应以图表、报告等形式直观呈现，便于项目团队和利益相关者理解。

④ 各类投资控制报告和报表的制订：根据投资目标值与实际值的比较结果，制订详

细的投资控制报告和报表。报告应包含投资偏差的原因分析、风险评估、建议的纠正措施等内容。报表应提供关键的投资数据指标，如投资完成率、投资偏差率等，以便进行趋势分析和预测。

⑤ 投资偏差的分析：对投资偏差进行深入分析，找出偏差的原因和根源。分析应涵盖项目管理的各个方面，如进度控制、质量控制、成本控制等。通过分析，可以明确哪些因素导致了投资偏差，以及这些因素对项目整体的影响程度。

⑥ 投资偏差纠正措施的采取：根据投资偏差的分析结果，制订针对性的纠正措施。纠正措施可能包括调整项目计划、优化资源配置、加强成本控制、提高施工效率等。实施纠正措施后，应定期对效果进行评估和反馈，确保措施的有效性。同时，应保持与项目团队、利益相关者以及外部机构的沟通，共同推动项目的顺利进行。

2）分阶段设置控制目标

投资的控制目标需按建设阶段分阶段设置，且每一阶段的控制目标值是相对而言的，随着工程项目建设的不断深入，投资控制目标也逐步具体和深化。

① 初步设计阶段控制目标设定

目标设定依据：在初步设计阶段，投资控制目标的设定主要依据项目的可行性研究报告、初步设计概算以及市场环境等因素。此时，目标应具有一定的弹性和预见性，以应对后续设计阶段可能出现的变更。

目标内容：初步设计阶段的控制目标主要包括总投资额的预算范围、各分项工程的投资预算以及关键设备的采购预算等。这些目标应明确、具体，并具有一定的可操作性。

② 详细设计阶段控制目标细化

目标细化原则：随着设计的深入，投资控制目标需要逐步细化和明确。详细设计阶段，应根据初步设计阶段的控制目标，结合设计图纸、工程量清单以及材料市场价格等因素，对各项投资进行更为精确的预算和控制。

目标调整：在详细设计阶段，如果发现初步设计阶段的控制目标与实际设计需求存在较大偏差，应及时进行调整。调整应遵循科学、合理、经济的原则，确保项目整体投资控制在可接受的范围内。

③ 施工阶段控制目标实施与调整

目标实施：在施工阶段，投资控制目标的实施主要通过合同管理、进度管理、质量管理以及成本管理等手段进行。项目团队应严格按照合同约定的投资范围、支付条件以及变更程序执行，确保投资控制在预算范围内。

目标调整机制：施工阶段往往面临各种不可预见因素，如材料价格波动、施工条件变化等。因此，需要建立一套灵活的投资控制目标调整机制，以应对这些变化。调整机制应包括定期评估、风险预警、应急措施等内容，确保项目在面临风险时能够迅速作出反应，调整投资控制目标。

④ 竣工验收阶段控制目标总结与评估

目标总结：在竣工验收阶段，应对整个项目的投资控制情况进行全面总结。这包括实际投资与预算控制的对比、投资偏差的原因分析以及经验教训的总结等。

目标评估：通过对投资控制目标的实施效果进行评估，可以判断项目在投资控制方面的成功与否。评估结果可以为后续项目的投资控制提供宝贵的经验和借鉴。

（4）环境工程项目投资任务

在环境工程项目的建设实施中，投资控制的任务是对建设全过程的投资费用负责，要严格按照批准的可行性研究报告中规定的建设规模、建设内容、建设标准和相应的工程投资目标值等进行建设，努力把建设项目投资控制在计划的目标值以内。在工程项目的建设过程中，各阶段均有投资的规划与投资的控制等工作，但不同阶段投资控制的工作内容与侧重点各不相同。

① 设计准备阶段的主要任务

在环境工程项目的设计准备阶段，投资控制的主要任务是按项目的构思和要求编制投资规划，深化投资估算，进行投资目标的分析、论证和分解，以作为建设项目实施阶段投资控制的重要依据。

② 设计阶段的主要任务

在环境工程项目的设计阶段，投资控制的主要任务和工作是按批准的项目规模、内容、功能、标准和投资规划等指导和控制设计工作的开展，组织设计方案竞赛，进行方案比选和优化，编制及审查设计概算和施工图预算，采用各种技术方法控制各个设计阶段所形成的拟建项目的投资费用。

③ 施工阶段的主要任务

在环境工程项目的施工阶段，投资控制的任务和工作主要是将施工图预算或工程承包合同价格作为投资控制目标，控制工程实际费用的支出。

④ 竣工验收及保修阶段的主要任务

在环境工程项目的竣工验收及保修阶段，投资控制的任务和工作包括按有关规定编制项目竣工决算，计算确定整个建设项目从筹建到全部建成竣工为止的实际总投资，即归纳计算实际发生的建设项目投资。

9.2　环境工程项目投资规划

投资规划是环境工程项目投资控制的一项重要工作，编制好投资规划文件，对环境工程项目实施全过程中的投资控制工作具有重要影响。

（1）投资规划的概念和作用

环境工程项目投资规划是在环境工程项目实施前期对项目投资费用的用途做出的计划和安排，其依据建设项目的性质、特点和要求等，对可行性研究阶段所提出的投资目标进行论证和必要的调整，将环境工程项目投资总费用根据拟定的项目组织和项目组成内容或项目实施过程进行合理的分配，进行投资目标的分解。

环境工程项目投资规划在工程项目的建设和投资控制中起重要作用：

① 投资目标的分析和论证；

② 投资目标的合理分解；

③ 控制方案的制订实施。

（2）投资规划编制的依据

投资规划的基本意义在于进行投资目标的分析和分解，指导建设项目的实施工作，形成的投资规划文件要能够起到控制初步设计及其设计概算、施工图设计及其施工图预算的作用。因此编制投资规划需要具有对建设项目投资总体上的把握能力，熟悉工程项目建设的整个过程和投资的细部组成。

投资规划编制依据是形成项目投资规划文件所必需的基础资料，主要包括工程技术资料、市场价格信息、建设环境条件、建设实施的组织和技术策划方案、相关的法规和政策等。

（3）投资规划的主要内容

一般而言，建设项目投资规划文件主要包括以下内容：

① 投资目标的分析与论证；

② 投资目标的分解；

③ 投资控制的工作流程；

④ 投资目标的风险分析；

⑤ 投资控制工作制度等。

（4）投资规划编制的方法

① 投资规划的编制程序

a. 项目总体构思和功能描述。

b. 计算和分配投资费用。

c. 投资目标的分析和论证。

d. 投资方案的调整。

e. 投资目标的分解。

② 项目的总体构思和描述

要准确编制好建设项目投资规划，首先要编制好项目的总体构思和描述报告。项目的总体构思和描述报告，主要依据项目设计任务书或可行性研究报告的相关内容和要求，结合对建设项目提出的具体功能、使用要求、相应的建设标准等进行编制。项目总体构思和描述是对可行性研究报告相关内容的细化、深化和具体化，是一项技术性较强的工作，涉及各个专业领域的协同配合。

9.3 环境工程项目投资控制

9.3.1 在项目决策阶段对投资的控制

项目决策阶段对环境工程项目投资的影响主要集中在三个阶段：项目建议书阶段、可行性研究阶段、项目评估与决策阶段，业主在项目决策阶段对投资的控制主要就从这三个方面进行。

（1）在项目建议书阶段对投资的控制

环境工程项目建议书就是根据国民经济和社会的长期规划、国家及地方的环境规划，经过调查研究、市场预测及技术经济的分析，对拟建环境工程项目的总体轮廓提出设想，是政府选择建设项目和进行可行性研究的依据，是环境基本建设程序中前期工作阶段的第一个工作环节，具有极其重要的作用。项目建议书应该着重从客观上对项目立项的必要性和可能性进行分析。对拟建环境工程项目的必要性分析应从项目本身和国民经济两个层次进行，对拟建环境工程项目的可能性分析应从项目建设和生产运营必备的基本条件及其获得的可能性两个方面进行；充分做好外业调查工作，编制好项目建议书投资估算。

（2）在可行性研究阶段对投资的控制

环境工程可行性研究报告是环境基本建设程序中决策的前期工作阶段，是建设项目是否可行的重要论证依据。在可行性研究阶段，必须对投资的影响因素，如市场分析、项目规模选择、项目实施条件、技术选择、财务评价、国民经济评价、社会评价和项目风险进行分析论证；可行性研究报告投资估算编制人员应积极配合设计人员深入现场调查研究，掌握基础资料，了解工程项目的设计方案和工程量情况，合理选用估算指标和各种费率，准确编制好可行性研究报告投资估算。

（3）在项目评估与决策阶段对投资的控制

在项目评估与决策阶段对投资的控制主要做好以下几点：①认真做好各种资料的搜集工作，要确保基础数据资料的真实、准确；②做好市场分析工作，对拟建环境项目的需求状况、类似项目的建设情况、国家的产业政策和发展趋势进行分析，详细论证项目建设的必要性；③做好设计方案的优化工作，用动态分析法进行多方案技术经济比较，通过方案优化，使设计更合理，投资最少；④合理确定评价价格，进行项目经济效益评价，强化项目前期工作，规范项目投资决策。

9.3.2　在设计阶段对投资的控制

在工程设计阶段对投资进行有效控制，必须要做到技术与经济相结合：

① 在工程设计阶段吸收工程造价人员参与全过程设计，使工程项目从设计一开始就建立在经济基础之上，设计人员在做出重大设计变更时必须充分认识到其所带来的经济后果，注重设计的经济性。

② 重视设计多方案比选，引入设计竞争机制，有效控制投资。

③ 在设计阶段采用限额设计，在项目投资限定条件下，进行经济技术上的改进和方案优化，提高项目标准水平。

④ 推行设计招投标、设计监理、设计市场化管理。

通过优化设计控制投资是一个综合性的问题，也不能片面地强调节约投资，要正确处理好技术与经济对立统一的关系，必须满足项目功能要求。

9.3.3　在工程招投标阶段对投资的控制

业主在工程招投标阶段对投资的控制主要表现在以下几个方面：

① 业主必须完善施工招投标文件的编制及招投标的组织管理。

② 业主必须掌握与项目有关的工程造价的基本情况，确定合理的招标工程上限价，选择合理低价中标，允许中标人有一定的利润空间。

③ 根据工程的实际情况采取合适的合同形式，如固定总价合同或固定单价合同，将工程实施过程中的部分风险转移给承建商来承担。

④ 选择有资金实力、有施工能力的施工队伍。

9.3.4　在施工阶段对投资的控制

环境工程项目的投资主要发生在施工阶段，这一阶段需要投入大量的人、财、物，是建设费用消耗最多的时期。业主应该把计划投资额作为投资控制的目标值，在施工中定期分析投资实际值与目标值之间的偏差原因，采取有效措施加以控制，确保投资目标的实现。

① 业主应该加强对施工组织设计的审核，采用经济技术比较法进行综合评审，不同的施工方法，对工程造价的影响很大。

② 业主应该加强对工程进度款支付的严格控制，工程进度款支付是投资控制的有效手段，是工程质量和进度的有力保证。

③ 业主应该严格审查工程变更，保证总投资限额不被突破。在很大程度上，对工程变更的控制成了施工阶段投资控制的关键。

④ 正确处理与防范施工索赔，并积极做好反索赔工作。

⑤ 严格控制施工进度，切实落实工程质量保证措施。进度、质量会反作用于费用，进度控制不好，质量得不到保证会引起投资的增加。

9.3.5　在竣工结算阶段对投资的控制

业主在竣工结算阶段对投资的控制中，应认真及时审核竣工结算，审核的具体内容包括：竣工结算是否符合合同条款、招投标文件，结算是否符合定额和工程计量规则、造价主管部门的调价规定；根据合同、图纸对工程变更、工程量的增减、材料替换、甲供材等进行审核。

(1) 工程量的审核

工程量是竣工结算的基础，应以招标文件和承包合同中的工程量为依据，考虑工程变更，同时要对施工签证单的符合性和合理性进行审查。

（2）定额套用的审查

定额套用也是一个非常重要的工作，因为在结算审查时经常会发现定额套错、高套、定额替换等情况。

审查定额编号：核对定额子目的编号是否与定额表中的编号一致，确保没有套错定额。

审查定额适用范围：检查所选定额子目是否适用于当前工程项目的具体情况，如工程类型、施工方法、材料规格等。

审查定额换算：对于需要进行定额换算的情况，审查换算依据是否充分、换算方法是否正确。

审查定额标准的时效性：检查所选定额标准是否为最新版本，确保定额套用的合规性。

审查定额调整系数：对于存在定额调整系数的情况，审查调整系数的确定是否合理、合规。

审查定额套用的程序：检查定额套用的程序是否符合国家或行业的相关规定，确保工程造价计算的公正性和透明度。

（3）合同外项目结算单价的审核

工程量清单中原有项目的工程量有误或设计变更引起的工程量增减属合同约定的幅度以外的，以及工程量清单遗漏或设计变更引起的新工程项目，对承包商上报的单价，业主要严格审核。

思考题

9-1 解释环境工程项目投资控制的含义，并阐述其目的。

9-2 在环境工程项目投资规划中，应考虑哪些关键因素？

9-3 描述环境工程项目投资控制的几个主要策略。

9-4 如何评估环境工程项目投资控制的效果？

9-5 结合实际案例，分析环境工程项目投资控制面临的挑战及解决方案。

在线习题

在线习题

第9章

第 10 章
环境工程项目质量与安全管理

📚 学习目标

理解环境工程质量管理的基本概念及其重要性。

掌握环境工程项目质量控制的方法和步骤。

了解环境工程安全管理的基本概念及要求。

能够制订并实施有效的项目施工现场管理措施。

10.1 环境工程质量管理概述

10.1.1 环境工程项目质量的概念

10.1.1.1 质量

质量的定义是：一组固有特性满足要求的程度。术语"质量"可以用差、好或优秀来修饰。定义中"固有"就是指某事或某物本来就有的，尤其是那种永久的特性，如水泥的化学成分、强度、凝结时间就是固有特性，而水泥的价格和交货期则是赋予特性。对质量管理体系来说，固有特性是实现质量方针和质量目标的能力。对过程来说，固有特性是过程将输入转化为输出的能力。

质量是满足要求的程度，要求包括明示的、隐含的或必须履行的要求或期望。明示的要求一般是指在合同环境中，用户明确提出的需要或要求，通常是通过合同、标准、规范、图纸、技术文件所做出的明确规定；隐含要求是指组织、顾客和其他相关方的惯例或一般做法，是公认的、不言而喻的、不必做出规定的要求，如房屋的居住功能（保温、隔热、防风雨等）。要求可由不同的相关方提出。

10.1.1.2　环境工程项目质量

环境工程项目质量主要包括两个方面：环境工程项目产品质量和环境工程项目工作质量。

(1) 环境工程项目产品质量

环境工程项目产品质量是一个综合性概念，它是环境工程项目满足业主需求，并且符合国家法律、法规、技术规范标准、设计文件以及合同规定的特性集合。具体而言，这指的是项目最终可交付成果（工程）的质量，也就是工程的使用价值及其属性。它是一个综合性的指标，体现了对项目任务书或合同书中明确提出的以及隐含的需求与要求功能的符合程度。环境工程项目产品质量涵盖以下几个方面。

① 适用性。即功能，是指工程项目满足使用目的的各种性能，包括：物理性能、化学性能、使用性能和外观性能等。

② 耐久性。即寿命，是指工程项目在规定的条件下，满足规定功能要求使用的年限，也就是工程竣工后的合理使用寿命周期。

③ 安全性。是指工程项目建成后在使用过程中保证结构安全、保证人身和环境免受危害的程度。

④ 可靠性。是指工程项目在规定的时间和规定的条件下完成规定功能的能力。

上述四个方面的质量特性彼此之间是相互依存的，工程项目的适用、耐久、安全、可靠、经济以及与周围环境协调都是环境工程项目产品质量必须达到的基本要求，缺一不可。但是对于不同的业主有不同的要求，因此工程项目的功能与使用价值的质量，也就无一个固定和统一的标准，可根据其所处的特定地域环境条件、技术经济条件的差异，有不同的侧重面。

(2) 环境工程项目工作质量

环境工程项目的工作质量是衡量项目实施者与管理者在确保项目品质方面所展现出的工作水平和完善程度的关键指标。它反映了项目的实施过程对产品质量的保证程度，项目工作质量主要体现在以下两方面。

① 项目范围内所有阶段、子项目、项目工作单元的实施质量，包括决策质量、设计质量、施工质量、回访保修质量、工序质量、分项工程质量、分部工程质量和单位工程质量。

② 项目过程中的管理工作、决策工作的质量。这两方面的质量都必须满足项目目标，任何一个达不到要求，都可能对环境工程项目产品、项目的相关者及项目组织产生重大影响，损害项目总目标。

10.1.2　环境工程项目质量管理

(1) 质量管理

质量管理的定义为：在质量方面指挥和控制组织的协调活动。质量管理的首要任务是确定质量方针和质量目标，核心是建立有效的质量管理体系，通过具体的四项活动，即质量策划、质量控制、质量保证和质量改进，确保质量方针和质量目标的实施和实现。

① 质量管理的首要任务

质量方针是指由组织的最高管理者正式发布的该组织总的质量宗旨和方向。它体现了该组织（项目）的质量意识和质量追求，是组织内部的行为准则，也体现了顾客的期望和对顾客做出的承诺。质量方针是总方针的一个组成部分，由最高管理者批准。

质量目标是指在质量方面所追求的目标。它是落实质量方针的具体要求，它从属于质量方针，应与利润目标、成本目标、进度目标等相协调。质量目标必须明确、具体，尽量用定量化的语言进行描述，保证质量目标容易被沟通和理解。质量目标应分解落实到各部门及项目的全体成员，以便于实施、检查和考核。

② 质量管理活动

质量策划致力于制订质量目标并规定必要的运行过程和相关资料以实现质量目标。

质量控制致力于满足质量要求。质量控制的目标就是确保产品的质量满足客户、法律法规等方面所提出的质量要求。质量控制要贯穿项目实施的全过程。

质量保证致力于确保质量要求得到满足，从而建立信任。质量保证的内涵不是单纯为了保证质量，保证质量是质量控制的任务，而质量保证是以保证质量为基础，进一步引申到提供"信任"这一基本目的。质量保证可分为内部质量保证和外部质量保证。内部质量保证是为了使管理者确信产品质量或服务质量满足规定要求所进行的活动，它是项目质量管理职能的一个组成部分，其目的是使组织管理者对本组织的产品质量放心。外部质量保证是向顾客或第三方认证机构提供信任，这种信任表明企业（或项目）能够按照规定的要求，保证持续稳定地向顾客提供合格产品，同时也向认证机构表明企业的质量管理体系是符合 GB/T 19000 标准要求的，并且能够有效运行。

质量改进致力于增强满足质量要求的能力。质量改进对质量的要求可以是任何方面的，如有效性、效率或可追溯性。

总之，质量管理是项目围绕使产品质量能满足不断更新的质量要求，而开展的策划、组织、计划、实施、检查、审核等所有管理活动的总和。它是项目各级职能部门领导的职责，由组织最高领导（或项目经理）负全责，应调动与质量有关的所有人员的积极性，共同完成好本职工作，有效地实现质量方针和目标。

(2) 环境工程项目质量管理

环境工程项目质量管理的目的是为环境工程项目客户（顾客）和其他与项目相关者提供高质量的工程和服务，实现项目目标，使客户满意；使环境工程项目达到质量目标，保证项目满足其质量要求是项目管理的职责。项目组织的各层次对相应的过程和产品负责，必须对质量做出承诺。项目的质量管理是综合性的工作。项目质量管理过程和目标围绕项目目标与范围，适用于所有项目管理的职能和过程，包括项目决策质量、项目计划的质量、项目控制的质量，以及战略策划、综合性管理、范围管理、工期管理、成本管理、人力资源管理、组织管理、沟通管理、风险管理和采购管理等过程。

环境工程项目质量管理与通常的企业生产质量管理有很大区别。对一般的工业产品，用户在市场上直接购置一个最终产品，不介入该产品的生产过程。而环境工程项目的建设过程是十分复杂的，业主必须直接介入其整个生产过程，参与全过程的、各个环节的对各种要素的质量管理。环境工程项目质量管理过程是各个方面共同投入的过程，而且是一个不断反馈的过程。

（3）环境工程项目质量管理体系

质量管理体系的定义是：在质量方面指挥和控制组织的管理体系。具体来说质量管理体系也是建立质量方针和质量目标并实现这些目标的体系。环境工程项目质量管理体系就是以控制和保证建设环境项目产品的质量为目标，从施工准备、施工生产到竣工投产的全过程，运用系统的方法，在全员参与下，建立一套严密、协调和高效的全方位管理体系。它是一个有机整体，强调系统性和协调性，它的各个组成部分是相互关联的。

质量管理体系把影响质量的技术、管理、人员和资源等因素加以组合，在质量方针的指引下，为达到质量目标而发挥作用。一个组织要进行正常的运行活动，就必须建立一个总的管理体系，其内容可包含质量管理体系、环境管理体系、职业健康安全管理体系和财务管理体系等。GB/T 19000《质量管理体系——基础和术语》为组织综合管理体系的建立提供了方便。

（4）环境工程项目质量管理原则

质量管理原则是项目质量管理体系形成的基础，它适用于所有的项目管理过程。它的贯彻执行能促进项目组织管理水平的提高，提高顾客对其产品或服务的满意程度。

① 以顾客为关注焦点。组织依存于顾客，没有顾客组织将无法生存，组织应理解顾客当前和未来的需求，满足并争取超越顾客的期望。工程项目质量是建筑产品使用价值的集中体现，用户最关心的就是工程质量的优劣，或者说用户的最大利益在于工程质量。因此组织在工程项目施工中必须以顾客为关注焦点，切实保障项目质量。

② 领导作用。领导指的是组织的最高管理层，领导的作用即最高管理者起到决策和领导一个组织的关键作用。领导者必须将组织的宗旨、方向和内部环境统一起来，并营造和保持使员工能够充分参与实现组织目标的内部环境。

最高管理者拥有管理项目的职责和权力，他应确保建立和实施一个有效的质量管理体系，建立项目质量方针和目标，决定项目资源配置和管理，并随时将组织运行的结果与目标比较，根据情况决定实现质量方针、目标的措施，决定持续改进的措施，确定项目组织机构和职能分配，激励和授权于项目成员等。

③ 全员参与。各级人员都是组织之本，只有他们的充分参与，才能使他们的才干为组织带来收益。项目质量是项目形成过程中全体人员共同努力的结果，其中也包括为项目提供支持的管理、检查、行政等人员的贡献。因此要对项目员工进行质量意识、职业道

第10章

德、以顾客为中心的意识和敬业精神等方面教育，激发他们的积极性和责任感，并通过采用适当的方法、技术和工具，监督和控制项目过程，使项目组织结构更加完善，使项目员工全员积极参与。

④ 过程方法。将相关的资源和活动作为过程进行管理，可以更高效地得到期望的结果。任何利用资源的生产活动和将输入转化成输出的一组相关联的活动都可视为过程。系统地识别和管理组织所应用的过程，特别是这些过程之间的相互作用，就是过程方法。过程方法的目的是获得持续改进的动态循环，并使组织的总体业绩得到提高。

⑤ 管理的系统方法。管理的系统方法是将相互关联的过程作为系统加以识别、理解和管理，有助于组织提高实现目标的有效性和效率。系统就是相互关联或相互作用的一组要素。系统的特点之一就是通过各分系统协调作用，相互促进，使总体的作用往往大于各分系统的作用之和。

质量管理中采用系统方法，就是把质量管理体系作为一个大系统，对组成管理体系的各个过程加以识别、理解和管理，以实现质量方针和质量目标。

⑥ 持续改进。持续改进总体业绩应当是组织的永恒目标。持续改进是增强满足要求的能力的循环活动。为了改进组织的整体业绩，满足顾客和其他相关方对质量的更高期望，项目组织应将收集到的信息加以整理、分析，并应用到项目的持续改进过程，不断地改进和提高产品及服务的质量，提高项目实施过程的有效性和效率。

⑦ 基于事实的决策方法。有效决策是建立在数据和信息分析的基础上的，对数据和信息的逻辑分析或直觉判断是有效决策的基础。决策是组织中各级领导的职责之一，以事实为依据做决策，可防止决策失误。正确的决策要求项目领导者用科学的态度，将反映项目实施状况的有关数据和信息收集和整理，通过合理的分析，做出正确的实施决策。

⑧ 与供方互利的关系。组织与供方是相互依存的，建立双方的互利关系可以增强双方创造价值的能力。供方提供的产品是项目组织提供产品的一个组成部分，供方提供高质量的产品是组织为顾客提供高质量产品的前提条件。能否处理好与供方的关系，影响到项目组织能否持续稳定地提供顾客满意的产品，因此，组织与供方的合作交流是非常重要的。对供方不能只讲控制，不讲合作互利，特别是关键供方，更要建立互利关系，与供方共同策划、共担风险、共同发展，以保证供方的生产过程和产品规格满足项目要求，这对项目组织与供方双方都有利。

（5）环境工程项目质量管理内容

① 识别相关过程，确定管理及控制对象，例如某污水处理厂的工程设计、设备材料采购、施工安装（工序、分项过程）、试运行（调试）等过程。

② 规定管理及控制标准，并详细说明控制对象应达到的质量要求。

③ 制订具体的管理及控制方法，如控制程序、管理规定、作业指导书等。

④ 提供相应的资源。

⑤ 明确所采用的检查和检验方法。

⑥ 按照规定的检查和检验方法进行实际检查和检验。

10.2　环境工程项目质量控制

10.2.1　环境工程项目质量控制的概念及内容

(1) 环境工程项目质量控制的含义

质量控制是 GB/T 19000 标准中的一个质量术语。质量控制是质量管理的一部分，是指为满足质量要求而采取的一系列的作业技术和管理活动。作业技术是直接产生产品或服务质量的条件；但并不是具备相关作业技术能力，都能产生合格的质量，在社会化大生产的条件下，还必须通过科学的管理来组织和协调作业技术活动的过程，以充分发挥其质量形成能力，实现预期的质量目标。

环境工程项目质量控制是指为了达到环境工程建设项目质量要求所采取的作业技术和管理活动。即环境工程项目质量控制就是为了保证环境工程建设项目的质量满足合同、规范、标准和顾客的期望，通过采取一系列的措施、方法和手段，如行动方案和资源配置的计划、实施、检查和监督来实现预期目标的过程。

(2) 环境工程项目质量控制原则

在环境工程项目建设过程中，对其质量控制应遵循以下原则。

① 坚持质量第一原则。环境工程项目建设的产品作为一种特殊的商品，一旦出现问题会直接威胁人民生命财产的安全，质量就是生命，所以必须树立强烈的"质量第一"的思想。

② 坚持以人为控制核心的原则。人是质量的创造者，质量控制必须"以人为核心"，把人作为质量控制的动力，发挥人的积极性、创造性；处理好与业主、承包单位等各方面的关系，增强人的责任感，深入贯彻"质量第一"的原则；提高人的素质，避免人的失误；以人的工作质量确保工程质量。

③ 坚持以预防为主的原则。预防为主是指要重点做好质量的事前控制、事中控制，同时严格对工作质量、工序质量和中间产品质量进行检查，达到防患于未然的目的。这是确保工程质量的有效措施。

④ 坚持质量标准。质量控制必须建立在有效的数据基础上，必须依靠能够确切反映客观实际的数字和资料，否则就谈不上科学的管理。质量标准是评价产品质量的尺度，数据是质量控制的基础。产品质量是否符合合同规定的质量标准，必须通过严格检查，以数据为依据。

⑤ 树立一切为用户的思想。真正好的质量是用户完全满意的质量，要把一切为了用户的思想，作为一切工作的出发点，贯穿到环境工程项目质量形成的各项工作中。同时，要在项目内部树立"下道工序就是用户"的思想。各个部门、各种工作、各种人员都有前后的工作顺序，在自己这道工序的工作一定要保证质量，凡达不到质量要求的，坚决不能

交给下道工序。

⑥ 贯彻科学、公正、守法的职业规范。在工程项目建设过程中，应尊重客观事实，尊重科学，遵纪守法。在质量监控和处理质量问题过程中，应做到尊重客观事实，尊重科学、客观、公正，不持偏见，遵纪守法，坚持原则，严格要求，秉公监理的职业道德规范，以保证工程质量。

（3）建设环境工程项目质量控制的内容

建设环境工程项目质量控制的内容有：

① 工程项目勘察设计质量控制；

② 工程项目材料设备采购质量控制；

③ 工程项目施工质量控制；

④ 工程项目竣工验收质量控制。

10.2.2　环境工程项目勘察设计质量控制

工程勘察是根据建设工程的要求，查明、分析、评价建设场地的地质、地理环境特征和岩土工程条件，编制建设工程勘察文件的活动。工程设计是指根据建设工程的要求，对建设工程所需的技术、经济、资源、环境等条件进行综合分析、论证，为工程项目的建设提供技术依据的设计文件和图纸的整个活动过程。

建设工程勘察、设计是环境工程项目建设前期的关键环节，建设工程勘察、设计的质量对整个工程项目的质量起着决定性作用，如果项目在勘察、设计阶段的质量保证不了，那么谈何后期工程的质量。因此，勘察设计阶段质量控制是整个环境工程项目建设过程中的一个重要控制阶段。

（1）勘察设计质量控制的要点

国家对建设工程勘察、设计的单位实行资质管理，对建设工程勘察、设计的专业技术人员，实行执业资格注册管理制度，建设工程勘察、设计单位应当在其资质等级许可的范围内承揽业务。

单位资质制度是指建设行政主管部门对从事建筑活动单位的人员素质、管理水平、资金数量、业务能力等进行审查，以确定其承担任务的范围，并发给相应的资质证书。个人资格制度是指建设行政主管部门及有关部门对从事建筑活动的专业技术人员，依法进行考试和注册，并颁发执业资格证书，使其获得相应签字权的制度。勘察设计单位资质控制是确保工程质量的一项关键措施，也是勘察设计质量事前控制的重点工作。

建设工程勘察设计资质分为工程勘察资质和工程设计资质两大类。工程勘察资质分综合类、专业类、劳务类三类；工程设计资质分工程设计综合资质、工程设计行业资质和工程设计专项资质三类。

对于工程勘察、设计单位的资质进行核查是勘察、设计质量控制工作的第一步，勘察、设计质量的责任由单位和个人共同承担，因此对勘察、设计单位资质的审查要认真，监理工程师应根据考核情况，对被考核单位给出一个综合评价，形成文字材料，送建设单位或有关单位作为参考。对勘察、设计单位资质考核的要点为：

① 检查勘察、设计单位的资质证书类别和等级及所规定的适用业务范围与拟建工程的类型、规模、地点、行业特性与要求的勘察、设计任务是否相符，资质证书所规定的有效期是否已过期，其资质年检结论是否合格。

② 检查勘察、设计单位的营业执照，重点是有效期和年检情况。

③ 对参与拟建工程的主要技术人员的执业资格进行检查，对专职技术骨干比例进行考察，包括一级注册建筑师、一级注册工程师和在国家实行其他专业注册工程师制度后的注册工程师；注册造价工程师；取得高级职称的技术人员，从事工程设计实践 10 年以上并取得中级职称的技术人员；重点检查其注册证书的有效性，签字权的级别是否与拟建工程相符。

④ 对勘察、设计单位实际的建设业绩、人员素质、管理水平、资金情况、技术装备进行实地考察，特别是对其近期完成的与拟建工程类型、规模、特点相似或相近的工程勘察、设计任务进行查访，了解其服务意识和工作质量。

⑤ 对勘察、设计单位的管理水平进行考察，重点考查是否达到了与其资质等级相应的要求水平。

（2）勘察质量控制

① 勘察阶段划分及其工作任务

勘察阶段应与设计阶段相适应，一般可分为可行性研究勘察、初步勘察、详细勘察及施工勘察。工程勘察的主要任务是按勘察阶段的要求，正确反映工程地质条件，提出岩土工程评价，为设计、施工提供依据。各勘察阶段的工作任务如下：

a. 可行性研究勘察，又称选址勘察，该阶段主要是搜集区域已有资料，如地质、地形地貌、地震、矿产和附近地区的岩土工程地质与岩土工程资料和当地的建筑经验；通过踏勘，初步了解场地的主要地层、构造、岩土性质，不良地质现象及地下水情况；对工程地质与岩土条件较复杂，已有资料及踏勘尚不能满足要求的场地，应进行工程地质测绘及必要的勘探工作，对拟建场址稳定性和适宜性做出评价。

b. 初步勘察是指在可行性研究勘察的基础上，对场地内建筑地段的稳定性做出岩土工程评价，并为确定建筑总平面布置、主要建筑物地基基础方案及对不良地质现象的防治工作方案进行论证，以满足初步设计或扩大初步设计的要求。

c. 详细勘察应对地基基础处理与加固、不良地质现象的防治工程进行岩土工程计算与评价，满足施工图设计的要求。

d. 施工勘察就是对岩土技术条件复杂或有特殊使用要求的建筑物地基，需要在施工过程中实地检验、补充或在基础施工中发现地质条件有变化或与勘察资料不符时进行的补充勘察。

② 勘察阶段质量控制要点

a. 协助建设单位选定勘察单位。按照国家的有关规定，凡在国家建设工程设计资质分级标准规定范围内的建设项目，建设单位均应委托具有相应资质等级的工程勘察单位承担勘察业务工作，建设单位原则上应将整个建设工程项目的勘察业务委托给一个勘察单位，也可以根据勘察业务的专业特点和技术要求分别委托几个勘察单位。在选择勘察单位时，除重点对其资质进行审核控制外，还要检查勘察单位的技术管理制度和质量管理程序，考察勘察单位专业技术骨干的素质、业绩和服务意识。

b. 勘察工作方案审查和控制。工程勘察单位在实施勘察工作之前，应结合各勘察阶段的工作内容和深度要求，按照有关规范、规程的规定，结合工程的特点编制勘察工作方案。监理工程师应对编制的勘察工作方案进行认真审查。

c. 勘察现场作业的质量控制。勘察工作期间，监理工程师应重点检查以下几个方面的工作：

（a）现场作业人员应进行专业培训，重要岗位要实施持证上岗制度，并严格按勘察工作方案及有关操作规程的要求开展现场工作并留下印证记录；

（b）原始资料取得的方法、手段及使用的仪器设备应当正确、合理，勘察仪器、设备、实验室应有明确的管理程序，现场钻探、取样机具应通过计量认证；

（c）原始记录表格应按要求认真填写清楚，并经有关作业人员检查、签字；

（d）项目负责人应始终在作业现场进行指导、督促、检查，并对各项作业资料进行检查验收并签字。

d. 勘察文件的质量控制。监理工程师对勘察成果的审核与评定是勘察阶段质量控制最重要的工作。应检查勘察成果是否满足以下条件：

（a）工程勘察资料、图表、报告等文件要依据工程类别按有关规定执行各级审核、审批程序，并由负责人签字。

（b）工程勘察成果应齐全、可靠，满足国家有关法规及技术标准和合同规定的要求。

（c）工程勘察成果必须严格按照质量管理有关程序进行检查和验收，质量合格方能提供使用，对工程勘察成果的检查验收和质量评定应当执行国家、行业和地方有关工程勘察成果检查验收评定的规定。由于工程勘察的最后结果是工程勘察报告，监理工程师必须详细审查。应针对不同的勘察阶段工程勘察报告的内容和深度进行检查，看其是否满足勘察任务书和相应设计阶段的要求。

e. 后期服务质量保证。勘察文件交付后，监理工程师应根据工程建设进展情况，督促勘察单位做好配合工作，对施工过程中出现的地质问题进行跟踪服务，并做好监测和回访工作。

f. 勘察技术档案管理。环境工程项目建设完成后，监理工程师应检查勘察单位技术档案管理情况，要求将全部资料，特别是质量审查、监督主要依据的原始资料，分类编目，归档保存。

（3）设计质量控制

工程设计是建设项目进行整体规划和表达具体实施意图的重要过程，是科学技术转化为生产力的纽带，是处理技术与经济关系的关键性环节，是确定与控制工程造价的重点阶段。工程设计是否经济与合理，对工程建设项目造价的确定与控制具有十分重要的意义。

① 设计阶段质量控制原则

a. 环境建设工程设计应当与社会、经济发展水平相适应，做到经济效益、社会效益和环境效益相统一；

b. 环境建设工程设计应当按工程建设的基本程序，坚持先勘察、后设计、再施工的原则；

c. 环境建设工程设计应力求做到适用、安全、美观、经济；

d. 环境建设工程设计应符合设计标准、规范的有关规定，计算要准确，文字说明要清楚，图纸要清晰、准确，避免"错、漏、碰、缺"。

② 设计阶段质量控制方法

设计质量控制的主要方法就是设计质量跟踪，设计质量跟踪是指要定期对设计文件进行审核，必要时对计算书进行核查，发现不符合质量标准和要求的，指令设计单位修改，直至符合标准为止。因此，设计质量跟踪就是在设计过程中和阶段设计完成时，以设计招标文件、设计合同、监理合同、政府有关批文、各项技术规范和规定、气象等自然条件及相关资料、文件为依据，对设计文件进行深入细致的审核。审核内容主要包括：图纸的规范性，工艺流程设计，结构设计，设备设计，水、电、自控设计，建筑造型与立面设计，平面设计，空间设计，装修设计，城市规划、环境、消防、卫生等部门的要求满足情况，专业设计的协调一致情况，施工可行性等方面。在审查过程中，特别要注意过分设计和不足设计两种极端情况。过分设计，导致经济性差；不足设计，存在隐患或功能降低。工程设计按其工作阶段可分为设计准备阶段、设计阶段、设计成果验收阶段和施工阶段，监理单位根据各设计阶段的工作重心，进行设计质量跟踪控制，以保证工程项目的设计质量。

③ 设计阶段质量控制任务

设计阶段质量控制主要任务是编制设计任务书中有关质量控制的内容；组织设计招标，进行设计单位的资质审查，优选设计单位，签订合同并履行合同；审查设计基础资料的正确性和完整性；组织专家对优化设计方案进行评审，保证设计方案的技术经济合理性、先进性和实用性，满足业主提出的各项功能要求；跟踪审核设计图纸质量；建立项目设计协调程序，在施工图设计阶段进行设计协调，督促设计单位完成设计工作；控制各阶段的设计深度，并按规定组织设计评审，按法规要求对设计文件进行审批（如：扩初设计、设计概预算、有关专业设计等），保证各阶段设计符合项目策划阶段提出的质量要求及通过政府有关部门审查，提交的施工图满足施工的要求，工程造价符合投资计划的要求。审核特殊专业设计的施工图纸是否符合设计任务书的要求，是否满足施工的要求。

设计阶段的质量控制，通常是通过事前控制和设计阶段成果优化来实现的。在各个设计阶段前编制一份好的设计要求文件，分阶段提交给设计单位，明确各阶段设计要求和内容，是设计阶段进行质量控制的主要手段。设计要求文件的编制是一个对工程项目的目标、内容、功能、规模和标准进行研究、分析和确定的过程。因此，设计阶段必须重视设计任务书的编制。设计任务书一般要包括以下内容：项目组成结构、项目的规模、项目的功能、设计的标准和要求、项目的目标。其中，设计的要求是设计任务书的核心内容。

10.2.3 环境工程项目材料设备采购质量控制

（1）材料设备采购质量控制的重要性

使用不合格的材料将构成建设项目的先天性缺陷，造成难以挽回的损失；设备满足生产运行要求的程度将影响建设项目投产后的效益，设备和系统是最终使用者赖以创造效益的基础。因此，材料设备采购的质量控制十分重要。

采购质量控制主要包括对采购产品及其供方的控制，制订采购要求和验证采购产品。

建设项目中的工程分包也应符合规定的采购要求。

（2）供应方的资质控制

供应方的资质控制是材料设备采购质量控制的第一关，是保证稳定提供满足设计要求的材料和设备的关键。对于重要的大宗材料以及价值高或对运行安全至关重要的设备供应方，要审核其是否通过国际质量标准体系认证，还要审核其质量管理体系的有效性、相关经验、顾客满意程度和信誉等。材料设备供应合同，应列明质量保证条款。

（3）采购要求

采购要求是采购产品控制的重要内容。采购要求的形式可以是合同、订单、技术协议、询价单及采购计划等。采购要求包括：

① 有关产品的质量要求或外包服务要求；

② 有关产品提供的程序性要求，如：供方提交产品的程序、供方生产或服务的过程要求、供方设备方面的要求；

③ 对供方人员资格的要求；

④ 对供方质量管理体系的要求。

（4）采购的材料或设备质量要求

采购的材料或设备应符合设计文件、标准、规范、相关法规及承包合同要求，如果项目部另有附加的质量要求，也应予以满足。对于重要物资、大批量物资、新型材料以及对工程最终质量有重要影响的物资，可由企业主管部门对可供选用的供方进行逐个评价，并确定合格供方名单。建筑材料或工程设备应当符合下列要求：

① 有产品质量检验合格证明；

② 有中文标明的产品名称、生产厂名和厂址；

③ 产品包装和商标式样符合国家有关规定和标准要求；

④ 工程设备应有产品详细的使用说明书，电气设备还应附有线路图；

⑤ 实施生产许可证或实行质量认证的产品，应当具有相应的许可证或认证证书。

（5）重要设备供应的质量计划

对于重要设备，建设项目业主可要求供应方提交设备供应质量计划，经建设项目业主审核后严格执行，必要时可派人员驻厂监造。质量计划要特别明确测量和试验要求、质量见证点控制、停工待检点控制、不合格控制、出厂验收控制和记录要求。这是建设项目业主对设备制造的主要监控点。设备供应还要做好产品标示、包装、运输、储存保管以及安装过程中的防护和保养等环节的质量控制。

10.2.4 环境工程项目施工质量控制

环境工程项目施工是根据环境工程设计文件和图纸要求最终实现并形成工程实体的过程，该过程是形成工程产品质量和使用价值的重要阶段，直接影响工程的最终质量。因此，施工阶段的质量控制是整个环境工程项目质量控制的关键环节。

工程项目施工是一个极其复杂的综合过程，它具有涉及面广、位置固定、生产流动、结构类型不一、质量要求不一、施工方法不一、体型大、整体性强、建设周期长、受自然条件和气候影响大等特点，因此，施工质量更加难以控制。施工阶段质量控制是一种过程性、纠正性和把关性的质量控制，只有对施工全过程进行严格质量控制，才能实现项目质量目标。

（1）施工质量控制的过程

工程项目施工阶段是一个从输入转化到输出的系统过程，项目实施阶段的质量控制，也是一个从对投入品的质量控制开始，到对产出品的质量控制为止的系统控制工程。在工程项目实施阶段的不同环节，其质量控制的工作内容不同。根据工程实体质量形成过程的时间划分，可以将工程项目施工质量控制的过程分为施工准备质量控制、施工过程质量控制和施工验收质量控制三个阶段。

① 施工准备质量控制是指工程项目正式开始施工活动前，对各项施工准备工作及影响质量的各因素进行控制。施工准备质量属于工作质量范畴，然而它对建设工程产品的质量产生重要的影响。

② 施工过程质量控制是指对施工过程中施工作业技术活动的投入与产出进行质量控制，其内涵包括全过程施工生产及其中各分部分项工程的施工作业过程。

③ 施工验收质量控制是指对已完工程验收时的质量控制，即对最终的环境工程产品的质量控制。其包括隐蔽工程验收、检验批验收、分项工程验收、分部工程验收、单位工程验收和整个建设工程项目竣工验收过程的质量控制。

施工质量控制过程既有施工承包方的质量控制职能，也有业主方、设计方、监理方、供应方及政府的工程质量监督部门的控制职能，他们具有各自不同的地位、责任和作用。

（2）施工准备阶段的质量控制

施工准备是为了保证生产正常进行而必须事先做好的工作，施工准备不仅在工程开工前要做好，而且贯穿整个施工过程。施工准备的基本任务就是为施工项目建立一切必要的施工条件，确保项目施工顺利进行，保证环境工程项目质量符合要求。

① 技术资料、文件准备的质量控制

a. 施工项目所在地的自然条件及技术经济条件调查资料。对施工项目所在地的自然条件和技术经济条件的调查，是为选择施工技术与组织方案收集基础资料，并以此作为施工准备工作的依据。具体收集的资料包括：地形与环境条件、地质条件、地震级别、工程水文地质情况、气象条件，以及当地水、电、能源供应条件、交通运输条件、材料供应条件等。

b. 施工组织设计审查。施工组织设计是指导施工准备和组织施工的全面性技术经济文件，是指导工程施工的纲领性技术文件，也是监理工作的依据之一。根据合同约定或监理单位要求，施工单位应在正式施工前将需要监理单位审核的施工组织设计编制完成，并经施工企业单位的技术负责人审批。对施工组织设计，要进行两方面的控制：一是选定施工方案后，制订施工进度时，必须考虑施工顺序、施工流向，主要分部分项工程的施工方法，特殊项目的施工方法和技术措施能否保证工程质量；二是制订施工方案时，必须进行技术经济比较，使工程项目满足符合性、有效性和可靠性的要求，取得施工工期短、成本低、安全生产、效益好的经济质量。根据环境工程项目特点，选择科学、可行的施工方案，从施工方法上保证施工质量。监理单位重点核查其审批程序、内容是否全面；是否具备可行性、有效性、合理性。

c. 国家及政府有关部门颁布的有关质量管理方面的法律、法规性文件及质量验收标准。质量管理方面的法律、法规，规定了工程建设参与各方的质量责任和义务，质量管理体系建立的要求、标准，质量问题处理的要求、质量验收标准等，这些是进行质量控制的重要依据。

d. 工程测量控制。工程施工测量是建设环境工程项目产品由设计转化为实物的第一步，施工测量的质量好坏，直接影响最后工程的质量，并且制约着施工过程中有关工序的质量。因此工程测量控制可以说是施工中质量控制的一项基础工作。施工现场的原始基准点、基准线、参考标高及施工控制网等数据资料，是进行工程测量控制的重要内容。

② 设计交底和图纸审核的质量控制

设计图纸是进行质量控制的重要依据。为使施工单位熟悉有关的设计图纸，充分了解拟建项目的特点、设计意图和工艺与质量要求，减少图纸的差错，消灭图纸中的质量隐患，要做好设计交底和图纸审核工作。

a. 设计交底。设计交底是指在施工图完成并经审查合格后，设计单位在将设计文件交付施工时，按法律规定的义务就施工图设计文件向施工单位和监理单位做出详细的说明。其目的是使施工单位和监理单位正确贯彻设计意图，加深对设计文件特点、难点、疑点的理解，掌握关键工程部位的质量要求，确保工程质量。设计交底主要内容包括：

（a）地形、地貌、水文气象、工程地质及水文地质等自然条件；

（b）施工图设计依据：初步设计文件，规划、环境等要求，设计规范；

（c）设计意图：设计思想、设计方案比较、基础处理方案、结构设计意图、设备安装和调试要求、施工进度安排等；

（d）施工注意事项：对基础处理的要求，对建筑材料的要求，采用新结构、新工艺的要求，施工组织和技术保证措施等；

（e）对施工单位、监理单位、建设单位提出的图纸中的问题和疑点要解释，对要解决的技术难题，拟定出解决办法。

b. 图纸审核。图纸审核是指承担施工阶段的监理单位组织施工单位、建设单位以及材料、设备供货等相关单位，在收到审查合格的施工图设计文件后，在设计交底前进行的全面细致地熟悉和审查施工图纸的活动。图纸审核是设计单位和施工单位进行质量控制的重要手段，也是使施工单位通过审查熟悉设计图纸，了解设计意图和关键部位的工程质量要求，发现和减少设计差错，保证工程质量的重要方法。图纸审核的主要内容包括：

（a）对设计者资质的认定，图纸是否经设计单位正式签署；

（b）设计是否满足抗震、防火、环境卫生等要求；

（c）图纸与说明是否齐全；

（d）图纸中有无遗漏、差错或相互矛盾之处，图纸表示方法是否清楚并符合标准要求；

（e）地质及水文地质等资料是否充分、可靠；

（f）所需材料来源有无保证，能否替代；

（g）施工工艺、方法是否合理，是否切合实际，是否便于施工，能否保证质量要求；

（h）施工安全、环境、卫生有无保证；

（i）施工图及说明书中涉及的各种标准、图册、规范、规程等，施工单位是否具备。

③ 对承包单位和分包单位资质的审查

监理工程师必须协助建设单位审查承建单位以及人员的资质，这是质量控制的关键。对于小型的工程来说，可能只有一个承建单位，而对于比较大的工程来说，可能会有总集成商和分项系统集成商。无论哪种方式产生的系统集成商，监理单位都要对其单位资质以及参与项目人员的资质进行审核，从而确定其是否具有完成本项目的能力。

在全面了解的基础上，重点考核与拟建工程类型、规模和特点相似或接近的工程，优先选取创出名牌优质工程的企业。

分包单位资质审查时，主要审查施工承包合同是否允许分包，分包的范围和工程部位是否可进行分包，分包单位是否具有按工程承包合同规定的条件完成分包工程任务的能力。如果认为该分包单位不具备分包条件，则不予批准。若监理工程师认为该分包单位基本具备分包条件，则应在进一步调查后由总监理工程师予以书面确认。审查、控制的重点一般是分包单位施工组织者、管理者的资格与质量管理水平，特殊专业工种和关键施工工艺或新技术、新工艺、新材料等应用方面操作者的素质与能力。

④ 施工质量计划的编制

施工质量计划的编制主体是施工承包企业。在总承包的情况下，分包企业的施工质量计划是总包施工质量计划的组成部分。总包有责任对分包施工质量计划的编制进行指导和审核，并承担施工质量的连带责任。在已经建立质量管理体系的情况下，质量计划的内容必须全面体现和落实企业质量管理体系文件的要求，同时结合本环境工程的特点，在质量计划中编写专项管理要求。施工质量计划的内容一般应包括：

a. 工程特点及施工条件分析（合同条件、法规条件和现场条件）；

b. 履行施工承包合同所必须达到的工程质量总目标及其分解目标；

c. 质量管理组织机构、人员及资源配置计划；

d. 为确保工程质量所采取的施工技术方案、施工程序；

e. 材料设备质量管理及控制措施；

f. 工程检测项目计划及方法等。施工质量计划编制完毕，应经企业技术领导审核批准，并按施工承包合同的约定提交工程监理或建设单位批准确认后执行。

⑤ 对进场的原材料及施工机械设备的控制

工程所需的原材料、半成品、构配件将成为永久性工程的组成部分，是工程施工的物质条件，它们质量的好坏直接影响工程的质量，因此需要先对其质量进行严格控制。凡是不合格的都不能进入现场，更不得在施工中使用。

影响材料质量的因素主要是材料的成分、物理性能、化学性能等，材料控制的要点有：

a. 优选采购人员；

b. 掌握材料信息，优选供货厂家；

c. 合理组织材料供应，确保正常施工；

d. 加强材料的检查验收，严把质量关；

e. 抓好材料的现场管理，并做好合理使用；

f. 做好材料的试验、检验工作。

对进入施工现场的机械设备的控制主要有：

a. 对施工机械设备的选择，应考虑施工机械的技术性能、工作效率、工作质量、可靠性和维修难易、能源消耗，以及安全、灵活等方面对施工质量的影响与保证；

b. 审查施工机械设备的数量是否足够保证施工质量；

c. 审查所需的施工机械设备，是否已按批准的计划备妥；

d. 所准备的机械设备是否与监理工程师审查认可的施工组织设计或施工计划中所列的相一致；

e. 所准备的施工机械设备是否处于完好的可用状态等。

⑥ 质量教育与培训

通过教育培训和其他措施提高员工的能力，培养以质量和顾客满意为第一的思想意识，使员工满足所从事的质量工作对能力的要求。

（3）施工过程质量控制

环境工程项目施工过程涉及面广，是一个极其复杂的过程，影响工程质量的因素也非常多，如设计、材料、机械、地形、地质、水文、气象、施工工艺、操作方法、技术措施、管理制度等，均直接影响着工程项目的施工质量。施工过程中如使用材料的微小差异、操作的微小变化、环境的微小波动、机械设备的正常磨损，都会产生质量变异，造成质量事故。工程项目建成后，如发现质量问题又不可能像一些工业产品那样拆卸、解体、更换配件，更不能实行"包换"或"退款"，因此工程项目施工过程中的质量控制，就显得极其重要。

① 施工生产要素的质量控制

影响施工质量的五大要素有劳动主体、劳动对象、劳动方法、劳动手段和施工环境。通过对影响工程建设项目因素的分析，施工过程中对这五个方面的因素加以严格控制，是确保环境工程项目施工质量的关键。

a. 劳动主体的控制。劳动主体是指施工活动的组织者、领导者及直接参与施工作业活动的具体操作人员。劳动主体的质量包括参与工程各类人员的生产技能、文化素养、生理体能、心理行为等方面的个体素质及经过合理组织充分发挥其潜在能力的群体素质。因此，企业不仅要考虑择优录用，加强思想教育及技能方面的教育培训，合理组织、严格考核，并辅以必要的激励机制，使企业员工的潜在能力得到最好的组合和充分的发挥，还需根据具体工程实际特点，从确保工程质量的需要出发，从人的技术水平、生理缺陷、心理行为、错误行为等多个方面控制，从而保证劳动主体在质量控制系统中发挥主体自控作用。

施工企业控制必须坚持对所选派的项目领导者、组织者进行质量意识教育和组织管理能力训练，坚持对分包商的资质考核和施工人员的资格考核，坚持工种按规定持证上岗制度。

b. 劳动对象的控制。劳动对象是指原材料、半成品、工程用品、设备等。原材料、半成品、设备是构成工程实体的基础，其质量是工程项目实体质量的组成部分。故加强原材料、半成品及设备的质量控制，不仅是提高工程质量的必要条件，也是实现工程项目投资目标和进度目标的前提。

对原材料、半成品及设备进行质量控制的主要内容为：材料设备性能要与标准和设计文件相符；材料设备各项技术性能指标、检验测试指标与标准要求要相符；材料设备进场验收程序及质量文件资料要齐全等。

施工企业应在施工过程中贯彻执行企业质量文件中有关材料设备在封样、采购、进场检验、抽样检测及质保资料提交等方面的控制标准。

c. 劳动方法的控制。广义的劳动方法控制是指对施工承包企业为完成项目施工过程而采取的施工方案、施工工艺、施工组织设计、施工技术措施、质量检测手段和施工程序安排所进行的控制，而狭义的劳动方法控制则主要是指对施工方案所进行的控制，它要求施工承包企业做出的施工方案应结合工程实际，能解决工程难题，技术可行，经济合理，有利于在保证质量的同时，加快进度、降低成本。

施工工艺是否先进合理是直接影响工程质量、工程进度及工程造价的关键因素，施工工艺的合理、可靠还直接影响工程施工安全。因此在工程项目质量控制系统中，采用先进合理的施工工艺是工程质量控制的重要环节。对施工方案的质量控制主要包括以下内容：

（a）全面正确地分析工程特征、技术关键及环境条件等资料，明确质量目标、验收标准、控制的重点和难点；

（b）制订合理有效的施工技术方案和组织方案，前者包括施工工艺、施工方法，后者包括施工区段划分、施工流向及劳动组织等；

（c）合理选用施工机械设备和施工临时设施，合理布置施工总平面图和各阶段施工平面图；

（d）选用和设计保证质量和安全的模具、脚手架等施工设备；

（e）编制工程所采用的新技术、新工艺、新材料的专项技术方案和质量管理方案；

（f）为确保工程质量，尚应针对工程具体情况，编写气象、地质等环境不利因素对施工的影响及其应对措施。

d. 劳动手段的控制。劳动手段是指施工过程中所采用的工具、模具、施工机械、设备等。施工所用的机械设备，包括起重设备、各项加工机械、专项技术设备、检查测量仪表设备及人货两用电梯等。施工阶段必须综合考虑施工现场条件、结构形式、施工工艺和方法、技术经济等，合理选择机械的类型和主要性能参数，合理使用机械设备，正确地操作。操作人员必须认真执行各项规章制度，严格遵守操作规程，并加强对施工机械的维修、保养、管理。

对施工方案中选用的模板、脚手架等施工设备，除按适用的标准定型选用外，一般需按设计及施工要求进行专项设计，对其设计方案及制作质量的控制及验收应作为重点进行控制。

按现行施工管理制度要求，工程所用的施工机械、模板、脚手架，特别是危险性较大的现场安装的起重机械设备，不仅要对其设计安装方案进行审批，而且安装完毕交付使用前必须经专业管理部门的验收，合格后方可使用。同时，在使用过程中尚需落实相应的管理制度，以确保其安全正常使用。

e. 施工环境的控制。环境因素主要包括地质水文状况、气象变化及其他不可抗力因素以及施工现场的通风、照明、安全卫生防护设施等劳动作业环境等内容。环境因素对工程质量的影响具有复杂而多变的特点，如气象条件就变化万千，温度、湿度、大风、暴雨、酷暑、严寒都直接影响工程质量，往往前一工序就是后一工序的环境，前一分项、分部工程也就是后一分项、分部工程的环境。因此，根据工程特点和具体条件，应对影响质量的环境因素采取有效的措施严加控制。环境因素对工程施工的影响一般难以避免。要消除其对施工质量的不利影响，主要是采取预测预防的控制方法：

（a）对地质水文等方面的影响因素的控制，应根据设计要求，分析基地地质资料，预测不利因素，并会同设计等方面采取相应的措施，如降水排水加固等技术控制方案；

（b）对天气气象方面的不利条件，应在施工方案中制订专项施工方案，明确施工措施，落实人员、器材等方面各项准备以紧急应对，从而控制其对施工质量的不利影响；

（c）环境因素造成的施工中断，往往也会对工程质量造成不利影响，必须通过加强管理、调整计划等措施，加以控制。

② 施工作业过程的质量控制

建设工程施工项目是由一系列相互关联、相互制约的作业过程（即工序）所构成，控制工程项目施工过程的质量，必须控制全部作业过程，即控制各道施工工序的施工质量。

工序是环境工程项目生产的基本环节，也是组织生产过程的基本单位。一道工序是指一个（或一组）人在一个工作地对一个（或几个）劳动对象（工程、产品、构配件）所完成的一切连续活动的总和。

工序质量也即工序工程的质量是指工序的成果符合设计、工艺或技术标准要求的程度。工序质量控制的最终目的是要保证稳定地生产合格产品。

10.2.5 环境工程项目竣工验收质量控制

工程质量验收是对已完工的工程实体的外观质量及内在质量按规定程序检查后，确认其是否符合设计及各项验收标准的要求，是产品可交付使用前的一个重要环节。正确地进行工程项目质量的检查评定和验收，是保证工程质量的重要手段。从 2014 年 6 月 1 日起开始实施的《建筑工程施工质量验收统一标准》（GB 50300—2013），规定了建筑工程施工质量应按下列要求进行验收：

（1）验收基础

① 工程质量验收均应在施工单位自检合格的基础上进行。

② 参加工程施工质量验收的各方人员应具备相应的资格。

（2）检验批验收

① 检验批的质量应按主控项目和一般项目验收。主控项目的质量经抽样检验均应合格。一般项目的质量经抽样检验合格。当采用计数抽样时，合格点率应符合有关专业验收规范的规定，且不得存在严重缺陷。对于计数抽样的一般项目，正常检验一次、二次抽样可按《建筑工程施工质量验收统一规范》（GB 50300—2013）附录 D 判定。

② 具有完整的施工操作依据、质量验收记录。

③ 检验批抽样样本应随机抽取，满足分布均匀、具有代表性的要求，抽样数量应符合有关专业验收规范的规定。

（3）隐蔽工程及重要分部工程

① 对涉及结构安全、节能、环境保护和主要使用功能的试块、试件及材料，应在进场时或施工中按规定进行见证检验。

② 隐蔽工程在隐蔽前应由施工单位通知监理单位进行验收，并应形成验收文件，验收合格后方可继续施工。

③ 对涉及结构安全、节能、环境保护和使用功能的重要分部工程，应在验收前按规定进行抽样检验。

（4）观感质量

工程的观感质量应由验收人员现场检查，并应共同确认。

（5）整体验收流程

① 检验批质量验收：合格后，需符合上述检验批验收的各项要求。

② 分项工程质量验收：所含检验批的质量均应验收合格，且所含检验批的质量验收记录应完整。

③ 分部工程质量验收：所含分项工程的质量均应验收合格；质量控制资料应完整；有关安全、节能、环境保护和主要使用功能的抽样检验结果应符合相应规定；观感质量应符合要求。

④ 单位工程质量验收：所含分部工程的质量均应验收合格；质量控制资料应完整；所含分部工程中有关安全、节能、环境保护和主要使用功能的检验资料应完整；主要使用功能的抽查结果应符合相关专业验收规范的规定；观感质量应符合要求。

10.3　环境工程安全管理概述

10.3.1　环境工程项目安全管理概念

环境工程项目安全管理是环境工程项目管理中最重要的任务，因为安全生产与管理直接关系到人身的健康与安全，而费用管理、进度管理等则主要涉及物质利益。

安全管理是企业全体职工参加的，以人的因素为主，为达到安全生产而采取的各种措施（包括一系列的相关法律、条例、规程及计划、组织、指挥、协调和控制的活动）。它是根据系统的观点提出来的一种组织管理方法，是施工企业全体职工及各部门同心协力，把专业技术、生产管理、数理统计和安全教育结合起来，建立从签订施工合同，进行施工组织设计到施工的各个阶段，直至工程竣工验收活动全过程的安全保证体系，采用行政的、经济的、法律的、技术的和教育等手段，有效地控制设备事故、人身伤亡和职业危害的发生，以实现安全生产、文明施工。

建筑行业具有产品固定、作业流动性大、产品体积大、露天作业和高处作业多、施工周期长、手工作业多、劳动条件差、人员和素质不稳定、施工现场受地理环境和气候影响大等特点,是安全事故高发的行业。随着我国建筑行业的迅猛发展,建筑行业呈现出规模不断增大、行业新技术发展较快、市场逐渐与国际接轨的特点,这就给施工安全提出了更高的要求,因此,科学的工程项目安全管理,是建筑行业可持续发展的基本保证条件。

施工项目安全管理是建筑企业安全管理系统的关键,是保证建筑企业处于安全状态的重要基础。开展施工项目安全管理,是保证项目施工中避免人员伤亡、财物损毁,追求最佳效益的需要,也是保证建设单位对施工项目工期、质量和功能达到最佳的需要,同时也是工程项目建立良好的生产秩序和环境的必要手段,因此对施工项目必须实施科学严格的安全管理。

10.3.2　环境工程项目安全管理内容

环境工程项目安全管理主要内容包括以下几项。

(1) 安全目标管理

为了贯彻落实"安全第一、预防为主"的方针和加强施工现场安全标准化的管理,落实安全生产责任制,企业必须制订安全管理控制目标和计划,建立安全生产领导小组及下设的安全机构和组成人员,明确各级人员责任目标管理。

(2) 建立安全生产制度

为加强生产工作的劳动保护,改善劳动条件,保障劳动者在生产过程中的安全和健康,结合环境工程施工项目的特点和公司实际情况建立相应的安全生产制度。建立的安全生产制度必须符合国家和地区的有关政策、法规、条例和规程;建立各级人员安全生产责任制度,明确各级人员的安全责任。抓制度落实、抓责任落实,定期检查安全责任落实情况,保障生产者在施工作业中的安全和健康。

(3) 贯彻安全技术措施

所有建筑工程施工都必须有施工安全技术措施,它是施工组织设计的重要内容之一,它针对建筑工程施工中存在的不利条件和不安全因素进行预先分析,从技术上和管理上制订控制和消除隐患、防止事故的措施。

制订的安全技术措施必须结合工程实际,切实可行,必须符合国家颁发的施工安全技术法规、规范及标准,并要求全体人员认真贯彻执行。

(4) 坚持安全教育和安全培训

进行安全教育与训练,能增强人的安全生产意识,提高安全生产知识,有效地防止人的不安全行为,减少人为失误。安全教育、训练是进行人的行为控制的重要方法和手段。因此要组织全体人员认真学习安全生产责任制、安全技术规程、安全操作规程及劳动保护条例等,使操作者了解、掌握生产操作过程中潜在的危险因素及防范措施。对变换工种及换岗、新调入、临时参加生产人员应视同新工人进行上岗安全教育。对新机具、新设备和新工艺应由有关技术部门制订规程并对操作人员进行专门训练。对从事有毒、有害作业的人员由卫生和有关部门在工作前进行尘毒危害和防治知识教育后方可上岗。从事特殊作业的人员，必须经国家规定的有关部门进行安全教育和安全技术培训，并经考核合格取得正式操作证者，方准独立作业。

（5）安全生产检查

安全检查是发现不安全行为和不安全状态的重要途径，是消除事故隐患，落实整改措施，防止事故伤害，改善劳动条件的重要方法。检查要有领导、有计划、有重点地进行。除工地上安全员进行经常性的安全检查外，其他的各种安全检查都必须有领导有计划地进行，特别是组织的大检查，更为必要。安全检查是发现危险因素的手段，安全整改是为了采取措施消除危险因素，把事故和职业通病消灭在事故发生之前，以保证安全生产。

（6）事故的调查与处理

事故的调查与处理是指对违背人们意愿的事件（即事故）进行深入的探究和妥善处理的过程。一旦发生事故，不能以违背人们意愿为理由，予以否定。关键在于对事故的发生要有正确认识，并用严肃、认真、科学、积极的态度，处理好已发生的事故，尽量减少损失。要采取有效措施，避免同类事故重复发生。发生事故后，以严肃、科学的态度去认识事故，实事求是地按照规定、要求报告。不隐瞒、不虚报、不避重就轻是对待事故科学、严肃态度的表现。分析事故，弄清发生过程，找出造成事故的人、物、环境状态方面的原因。分清造成事故的安全责任，总结生产因素管理方面的教训。采取预防类似事故重复发生的措施，并组织彻底的整改，使采取的预防措施完全落实。经过验收，证明危险因素已完全消除时再恢复施工作业。

10.4 环境工程项目施工现场管理

施工现场的管理与文明施工不仅是安全生产不可或缺的一部分，更是环境工程项目成功实施的关键要素。安全生产秉承以人为本的管理理念，致力于保护现场工作人员及周边社区的安全与健康，这不仅是企业社会责任的体现，更是对社会弱势群体的深切关怀。在环境工程项目中，安全生产尤为重要，因为它直接关系到生态环境的保护和可持续发展的目标实现。

文明施工则是现代化施工的重要标志，它体现了施工企业的管理水平和社会责任感。在环境工程项目中，文明施工意味着在施工过程中采取一系列措施，减少对环境的干扰和破坏，如合理规划施工区域、严格控制噪声和扬尘污染、妥善处理施工废弃物等。这些措施不仅能够提升施工现场的整体形象，还能够赢得社区居民的理解和支持，为项目的顺利实施创造良好的外部环境。

安全生产与文明施工在环境工程项目中是相辅相成的。安全生产不仅要求确保职工的生命财产安全，更要求加强现场管理，保证施工活动的有序进行。通过建立健全的安全管理制度和操作规程，加强安全教育培训，提高施工人员的安全意识和操作技能，可以有效降低事故风险，保障施工活动的顺利进行。

　　同时，文明施工也是提高投资效益和保证工程质量的重要手段。在环境工程项目中，通过优化施工方案、采用先进的施工技术和管理手段，可以减少资源浪费和环境污染，提高施工效率和质量。此外，文明施工还能够营造施工现场的和谐氛围，增强团队的凝聚力和战斗力，为项目的顺利完成奠定坚实基础。

　　因此，在环境工程项目中，我们必须高度重视施工现场的管理与文明施工工作。通过加强组织领导、完善管理制度、强化监督检查等措施，不断提升施工现场的管理水平和文明施工程度，为项目的成功实施和生态环境的保护作出积极贡献。

思考题

　　10-1　解释环境工程质量管理的含义，并阐述其重要性。

　　10-2　描述环境工程项目质量控制的主要环节。

　　10-3　在环境工程安全管理中，应关注哪些关键要素？

　　10-4　制订项目施工现场管理计划时，应考虑哪些因素？

　　10-5　分析一个环境工程项目质量与安全管理失败的案例，并提出改进措施。

在线习题

在线习题

附录

环境工程项目相关文件编制示例

某城镇污水处理厂项目建议书

一、总论

1. 项目名称和承办单位

（1）项目名称：某镇污水处理厂。

（2）承办单位：某镇人民政府。

（3）项目负责人：略。

2. 项目拟建地址

初步选址在该镇××村××坝。

二、项目背景和意义

1. 项目背景

（1）地理位置：该镇位于××区南部边陲，与××市××、××、××、××四镇接壤，距××城71km。

（2）地形地貌：该镇地处××市东南部边缘，镇域内群山连绵，沟壑纵横，镇内山丘起伏。最高点××之巅1482m，最低点××桥651m。山地面积约占80%，林地面积占45%。全镇面积81.7km²（耕地面积41640亩，其中田21500亩，大于25°的坡地9850亩，1亩=666.667m²），集镇面积1.8km²。境内有长江水源磨刀溪河，总水域面积为4247亩。

（3）社会经济情况：该镇于2004年9月完成乡镇区划调整，由原××、××、××两乡一镇合并而成；辖3个社区，11个村，总人口32251人。2008年实现农村经济总收入1.445亿元，人均纯收入3400元；工农业总产值1.199亿元，其中：农业产值1.039亿元，工业产值0.16亿元；全镇财政收入21万元。全镇现有学校8所，其中初级中学1所，普通小学8所，民办幼儿园3所，各类学校在职教职工136人，在校生5450人。有各类卫生机构31个，其中乡镇卫生院3个，计生服务站1个，有专业技术人员113人。农村初级卫生保健基本完善，村村达标，覆盖率96%，农村改水受益人口3万余人，占97.5%。境内广播站3个，有线电视入户1800户，电视覆盖率98%。

2. 工程目的

主要为集中处理镇域内生活污水。污水处理后用作生活景观及绿化用水。

3. 项目建设的必要性

（1）现状及存在的问题。目前，该镇地处××区最大的安全饮水工程大滩口水库水源地的上游，镇内无任何污水处理设施，且近年来雨水逐渐增多，污水量增大，每到夏季，污水流经之处，蚊、蝇众多，气味难闻。该镇是市级历史文化名镇，脏乱的环境卫生条件严重地影响了该镇的形象，制约了该镇经济的发展。为此，尽快实施污水处理厂项目是当务之急。

（2）项目建设必要性。污水处理厂项目的建设，关系到镇域居民的切身利益，是发展历史文化名镇建设的重要基础设施。项目建成后，可以改善当地居民的生活环境。同时，也可以改善当地的旅游环境和提高人民的身体健康水平。

污水处理厂的建设有利于当地生态环境的改善；有利于旅游经济的发展；有利于农民增收，提高当地农民的生活水平和质量；能为历史文化名镇的建设打下良好的基础。因此在该镇建设污水处理厂是必要的。

三、项目建设的指导思想和依据

1. 指导思想

从该镇实际出发，充分发挥该镇区位及资源优势，紧紧围绕××区委、区政府环境整治战略思想，优化旅游环境，提高引资条件，改善居民生活质量，加快历史文化名镇的建设步伐，扩大该镇经济总量。

2. 建设原则

污水处理厂的建设要符合该镇镇域规划，符合当地发展的要求，污水排除要符合水源保护的要求，排放的污水经过处理必须达到污水排放标准的要求，改善当地的水环境。

3. 建设依据

（1）××区安全饮用水总体规划。

（2）该镇镇域规划。

四、项目基础条件

1. 建设区建设条件

项目拟建在该镇××村的××坝，该地区为河滩四荒地，处于该镇地势低端，规划用地50亩，符合污水处理厂的建设要求。所需土地、水、能源、劳动力等条件当地能够解决。

2. 建设技术条件

管道输水工程技术难度不大，该镇具有这方面丰富的建设管理经验，有专业的规划、设计和施工人员。也可以采取招标的形式，聘请专业的施工队伍进行施工，可以保证技术条件。

五、项目建设内容

项目拟建在该镇××村的××坝，污水处理厂项目，预计投资1000万元，2009年开始建设，并针对该镇实际情况，该镇污水处理厂拟采用一体化氧化沟工艺方案。

（1）建设日处理污水2500t的处理厂一座。

（2）项目控制面积50亩，其中厂区占地面积20亩。

（3）配套完善旅游开发景点的市政管网。

（4）配备供电设施。

六、项目投资估算及资金筹措

1. 投资预算

项目预计总投资 1000 万元，其投资预算如下。

（1）处理厂投资 450 万元，主要包括拦污栅、泵房、沉淀池、一体化氧化沟等主体建设工程，以及 300m² 办公楼等附属工程。

（2）13000m 输水管网投资 300 万元。

（3）土地及地上物补偿投入 160 万元。

（4）供电增容 100kW 需投入 90 万元。

2. 资金筹措

（1）镇政府自筹资金投入 250 万元。

（2）申请国家资本金投入 750 万元。

七、项目建设周期和进度安排

（1）建设周期：本项目自 2009 年下半年开始兴建，建设周期为 12 个月。

（2）进度安排：2009 年 10 月前完成各部门的审批手续，以及供电增容。2010 年 10 月前完成拦污栅、泵房、沉淀池、一体化氧化沟等主体建设工程，以及 300m² 办公楼等附属工程的建设和管网铺设等全部工程。

八、环境影响及社会经济效益评价

（1）环境影响：污水处理厂的建设有利于当地生态环境的改善，经过处理的污水，可达到一级排放标准，不会对周边环境造成污染。

（2）社会经济效益评价：污水处理厂的建设不仅可以改善当地居民的生产生活条件，而且可以改善该地区水域的环境，提高该镇的吸引力，有力推进历史文化名镇建设的发展。经处理后的污水可用于农田、绿化灌溉和景观用水，且工程建设时，需要建筑材料和设备，扩大了内需，可以增加农民收入，从而进一步带动了当地经济的发展。因此该项目的建设具有良好的社会和经济效益。

九、结论

综上所述，该镇污水处理厂项目，是该镇发展的必要基础设施，项目的建成，可以改善农民生活质量，有效保护当地旅游资源、环境，具有良好的社会和经济效益，应该尽早实施，使其成为历史文化名镇建设发展的有利条件。

某环境工程施工阶段成本控制案例

一、施工项目成本控制的组织和分工

1. 合同预算员的成本管理责任

① 根据合同内容、预算定额和有关规定，充分利用有利因素，编好施工图预算，为增收节支把好第一关。

② 深入研究合同规定的"开口"项目，在有关管理人员的配合下，努力增加工程收入。

③ 收集工程变更（包括工程变更通知单、技术核定单和按实结算的资料等）及业主违约、赶工、不利的自然条件、其他应由业主承担责任的风险事件的资料等，在发生索赔时，根据合同条款规定或其他方式，及时整理出一套索赔凭证资料，报监理工程师审批，维护工程收入。

④ 参与对外经济合同的谈判和决策，以施工图预算和增加账为依据，严格控制经济合同规定的数量、单价和金额，切实做到"以收定支"。

2. 工程技术人员的成本管理责任

① 根据施工现场实际情况，合理规划施工场地平面布置，为文明施工、减少浪费创造条件。

② 严格执行工程技术规范和以预防为主的方针，确保工程质量，减少零星修补，消灭质量事故，不断降低质量成本。

③ 根据工程特点和设计要求，运用自身的技术优势，采取实用有效的技术组织措施和合理建议，走技术与经济相结合的道路，为提高各项经济效益开辟新的途径。

3. 材料人员的成本管理责任

① 材料采购和构件加工，要选择质高、价低、运距短的材料供应（加工）单位。

② 根据项目施工的计划进度，及时组织材料构件的供应，保证项目施工的顺利进行，防止因停工待料造成损失。

③ 在施工过程中严格执行限额领料制度，控制材料消耗，做好余料的回收和利用，为考核材料的实际消耗水平提供正确的数据。

④ 根据施工生产的需要，合理安排材料储备，减少资金占用，提高资金利用率。

4. 机械管理人员的成本管理责任

① 根据工程特点和施工方案，合理选择机械的型号规格，充分发挥机械的效能，节约机械的费用。

② 根据施工需要，合理安排机械施工，提高机械利用率，减少机械费用成本。

③ 严格执行机械维修保养制度，加强平时的机械维修保养，保证机械完好，随时都能以良好的状态在施工中正常运转，为减轻劳动强度、加快施工进度发挥作用。

5. 财务人员的成本管理责任

① 按照成本开支范围、费用开支标准和有关财务制度，严格审核各项成本费用，控制成本支出。

② 建立月财务收支计划制度，根据施工生产的需要，平衡调度资金，通过控制资金使用，达到控制成本的目的。

③ 开展成本分析，特别是分部分项工程成本分析、月度成本综合分析和针对特定问题的专题分析，做到及时向项目经理和有关项目管理人员反映情况，以便采取针对性的措施纠正项目成本偏差。

二、施工项目成本控制的原则

1. 成本最低化原则

施工项目成本控制的根本目的在于，通过成本管理的各种手段，不断降低施工项目成本，以达到可能实现的最低目标成本的要求。

2. 全面成本控制原则

全面成本管理是全企业、全员和全过程的管理。项目成本的全员控制包括各部门、各单位的责任网络和班组经济核算等，应防止成本控制人人有责、人人不管。项目成本的全过程控制要求成本控制工作要随项目施工进展的各个阶段连续进行，既不能疏漏，又不能时紧时松，应使施工项目成本自始至终置于有效的控制之下。

3. 动态控制原则

施工项目是一次性的，成本控制包括项目的事前、事中和事后控制，即动态控制，施工前的成本控制只是根据施工组织设计的具体内容确定成本目标、编制成本计划、制订成本控制的方案，为今后的成本控制做好准备；而竣工阶段的成本控制，由于成本盈亏已基本成定局，即使发生了偏差，也已来不及纠正。尤其要加强事中控制。

4. 目标管理原则

目标管理的内容包括：目标的设定和分解，目标的责任到位和执行，检查目标的执行结果，评价目标和修正目标，形成目标管理的计划、实施、检查、处理循环。

5. 责、权、利相结合的原则

在项目施工过程中，项目经理部各部门、各班组在肩负成本控制责任的同时，享有成本控制的权力，同时项目经理要对各部门、各班组在成本控制中的业绩进行定期的检查和考评，有奖有罚。只有真正做好责、权、利相结合的成本控制，才能收到预期的效果。

三、影响工程成本的主要因素

从工程成本的基本含义和费用构成上不难看出，影响工程成本的主要因素有两个方面。一方面是市场因素，市场因素主要是市场采购物品材料、小型工具、易耗品等的基础价格和施工合同规定的费用；另一方面则是自身因素，自身因素主要表现在本企业投入该工程中的技术能力和管理能力。另外与本企业的经营机制、经营方针和经营策略也有较大的关系。

工程施工经营成本的高低、利润的大小，主要是由技术能力和管理能力所决定的。施工技术能力是基础的话，那么施工管理能力则是上层建筑。对一般的土建工程来说，施工组织设计是施工经营者技术能力最根本和最集中的体现，它是构成未来工程成本的基础。经营能力主要是指施工经营者自身的对内约束能力和凝聚力，具体表现在整个项目管理班子的整体管理水平及涉外能力。经营方针和经营策略是经营目标的体现。对于每一个施工企业来说，各有不同的情况，在施工技术、设备、管理水平方面都有强弱之分和不同的优势，所以同一个工程，不同企业的经营目标不一定相同，要求达到的利润额度不同，成本控制水平也不一样。对于同一个施工企业来说，根据企业的总体情况和市场开拓要求，在不同的时间和地点，可确定不同的经营目标，所以也会对成本利润的大小有不同的要求。

四、施工项目成本控制的有效途径

工程项目在施工过程中，影响成本的因素很多，从投标报价开始，直到工程项目施工合同终止的全过程中，都要进行成本控制，有效的成本控制管理方法，可以更好地改善经营管理，降低成本，提高效益和竞争力。

1. 进行经济合理的施工预算，确定成本控制目标

根据设计图纸计算工程量，并按照企业定额或上级统一规定的施工预算定额编制整个工程项目的施工预算，作为指导和管理施工的依据。

① 制订先进的经济合理的施工方案，以达到缩短工期、提高质量、降低成本的目的。施工方案包括四大内容：施工方法的确定、施工机具的选择、施工顺序的安排和流水施工的组织。

② 抓好成本预测。成本预测主要是指使用科学的方法，结合中标价根据各项目的施工条件、机械设备、人员素质等对项目的成本目标进行预测。主要包括：工、料、机械使用费的预测；施工方案引起费用变化的预测；辅助工程费的预测；成本控制风险预测；临时设施费及工地转移费等的预测。通过预测，明确工、料、机及间接费的控制标准，同时也可确定完成该项目的工期，为顺利完成项目提供保证。

2. 加强材料费、人工费、机械使用费的管理

① 加强材料管理是项目成本控制的重要环节，主要包括对材料用量和材料价格的控制。在材料用量方面，要按定额确定材料消耗量，实行限额领料制度；改进施工技术，推广使用降低料耗的各种新技术、新工艺、新材料。在材料价格方面，要经常关注材料市场的价格变动，及时平衡成本支出，降低工程项目成本。

② 人工费占全部工程费用的比例较大，人工费控制管理的主要办法是：改善劳动组织，减少窝工浪费；实行合理的奖惩制度；加强技术教育和培训工作；加强劳动纪律；压缩非生产用工和辅助用工，严格控制非生产人员比例。

③ 机械费控制管理主要是正确选配和合理利用机械设备，搞好机械设备的保养修理，提高机械的完好率、利用率和使用效率。

3. 严把质量关，杜绝返工现象

在施工过程中，每一个环节都应保证质量，加强施工工序的质量自检和管理工作在整个过程中的真正贯彻，坚决杜绝返工现象发生，避免造成因不必要的二次投入引起的成本增加。

4. 强化成本控制人员对施工项目成本控制的意识，提高自身素质

充分调动项目管理人员的积极性，使项目管理人员真正认识到施工成本管理的重要性。在抓进度、质量的同时，严抓施工成本核算管理，强化安全生产管理，建立健康有序的施工成本管理程序，杜绝安全生产事故的发生。

5. 适应新形势，引进现代管理信息系统

成本控制的现代管理信息系统可帮助建立一个科学的成本管理分析体系，促使财务管理走上正轨，实现业务、财务一体化的机制，实现赢利的快速增长，节约成本。此类系统能起到事前预防的作用，可避免不必要的成本发生。

6. 重视特殊情况，遵循"例外"管理方法

实施成本控制过程应遵循"例外"管理方法，所谓"例外"是指在施工项目建设中不经常出现的问题，主要是成本预测和控制结果发生偏差的情况，对此也必须予以高度重视。在项目实施过程中属于"例外"的情况通常有如下几个方面。

① 在实施过程中发生较大差异，包括有利差异和不利差异，都可能给整体项目和企业带来不利影响，为此要分析原因、及时调整，让其按照科学成本的控制方案实现回归。

② 成本实际结果一直在控制线的上下限附近徘徊，这意味着原来的成本预测可能不准确，要及时根据实际情况进行调整。

③ 有些是无法控制的成本，也应视为"例外"，如征地、拆迁、临时租用费用的上升等，对这些要及时调整预算。

某污水处理厂施工进度管理案例

一、编制依据

本施工组织设计是依据建设单位提供的招标文件、施工图、同类工程施工资料和国家有关施工规范及验收标准进行编制的。

二、工程概况

本工程为某市污水处理项目设备安装工程，工程规模为日处理污水量 10 万吨。

本工程的施工内容分为工艺设备安装和动力仪表安装工程两大部分。其中工艺设备安装主要包括进行控制井、粗格栅、提升泵房、细格栅、旋流沉砂池、计量井、厌氧池、氧化沟、配水井、终沉池、接触池、配水池、污染回流泵房、污泥浓缩脱水机房、贮泥池、加氯间、前混凝与配水构筑物、高密度沉淀池、滤池、回用水送水泵房流量计井、机修间、综合楼等二十几个工号在内的工艺热力管道和设备的安装。工艺热力管道有 Q235 钢、不锈钢、UPVC、ABS 四种材质。设备大部分为国产设备，主要有：泵、旋流沉砂设备、阀门、闸板、堰板、曝气管、刮吸泥机、水下推进器、格栅、潜水搅拌机、浓缩脱水机等十几种设备和几个工号内电动单梁桥式起重机。动力仪表安装工程主要包括厂区内的电缆敷设、送水泵房及低压系统、沉砂池、氧化沟、污泥回流泵房、出水泵房、鼓风机房、配电中心及控制中心等各工号内的仪表、电气设备的安装。

施工时，设备的安装工作需在设备生产厂家技术人员的指导下或严格按设备说明书和国家规范进行安装。

本项目工程量大、工期紧、设备多、技术要求高、工号多、施工现场分散，且需要与土建配合施工，管理难度较大。

三、工期、质量目标及承诺

本工程的开工日期为 2008 年 9 月 15 日，竣工日期为 2009 年 3 月 1 日，总工期为 168 个日历天。如果不能按时交工，以逾期一天扣罚工程款的 0.1% 作为惩罚。

本工程的工程质量等级为合格。如达不到合格，建设单位可扣罚工程总造价的 1% 作为处罚。

四、施工方案的关键点、难点及对策

1. 本工程在施工过程中的关键点

设备安装的找平找正工作，进水泵房中大型潜水泵导轨的安装工作；管道施工时管道的焊接施工。

2. 难点

本工程中的设备安装精度要求很高，部分设备的重量大，吊装运输困难。有些工号内的设备很多，所以设备安装就位时需要合理安排施工顺序，以免有些设备难于对位安装。

3. 处理措施

大型设备找平找正：设备安装时用水准仪或经纬仪测定设备安装的基准线，以保证设备的安装精度。设备安装好后，用水准仪进行水平检测，用经纬仪进行垂直度检测。进水泵房中大型潜水泵的轨道安装，关键是对轨道垂直度的控制。这些设备安装时，要由施工经验丰富的钳工技师负责具体施工，并由专业工程师进行指导，并且设备安装时要用水准仪和经纬仪对设备轨道的平行度和垂直度进行监控，发现问题及时处理。

管道焊接前，首先做管道材质的焊接工艺评定，管道焊接时，严格执行此种管道的焊接工艺评定。

各工号内的设备安装前，工程技术人员要根据施工现场实际情况确定设备安装的合理顺序，制订科学的专项施工方案，以便有力地指导施工。大型设备吊装运输时，要首先确定安全可靠的运输路线，大型设备吊装时要找好合理的吊点（只对于没有吊孔的设备），且设备吊装时要由吊装经验丰富的起重工统一指挥。

五、施工流程

由于本工程中的工艺管道及设备种类多，型号、规格多，数量大，加大了施工的难度，为了使施工的条理清晰，特编制施工流程如下。

1. 设备安装

基础验收→基础放线→设备开箱验收→设备划线（安装基准线）→设备就位→设备初平→初找标高→精平→精正→二次灌浆→养护→单体试运行。

2. 工艺管道制作及安装

（1）管道卷制

领料→划线→下料→卷圆→焊纵缝→回圆→组对环缝→焊环缝→探伤。

（2）管道防腐

管材检查及验收→管子内除锈→管子内防腐→养护检验→管子外除锈→管子外防腐→养护检验。

（3）管道安装

管道防腐层检查→管子运输→布管→对口→焊接→压力严密性试验。

管道压力试验及严密性试验合格且设备单体试运行合格后，即可进行整体运行；整体运行合格后，办理竣工手续，准备交工。

（4）电动单梁起重机及电动葫芦安装

悬挂节点制作→工字钢调直、安装→主梁安装→电气设备配线、安装→车挡、限位安装→调试与验收。

（5）动力、仪表安装

桥架管路敷设→动力仪表设备安装→电缆敷设→校接线→调试。

六、项目部机构设置及职责

1. 工程部

设工长1名，选用施工经验丰富，并具有中级以上技术职称的施工管理人员担任，负责排水管道安装、土建的施工管理、劳动力组织安排、计划任务的下达。

2. 技术部

设技术员1名，具有初级以上技术职称，负责管道安装的技术质量工作，制订技术措施以及管理工程资料。

3. 质量安全部

设质量负责人1名，质量检验员1名，负责本项工程的质量检验、质量评定，组织汇总施工中的质量资料。设安全员1名，负责本项工程施工现场的安全管理工作，组织整理安全资料，监督检查文明施工。

4. 经营部

设经营负责人1名，负责本工程的经营、财务等工作。并设计划员1名，负责本项工程的费用预测控制、合同及变更管理、计划统计、工程预结算工作。

5. 材料设备部

设材料员1名，机械设备管理员1名，负责本项工程材料供应、材料质量及材料质量证明资料的管理和工机具、计量仪器的管理。

6. 办公室

设置政工人员1名，负责本工程现场文秘、后勤、食堂、消防、保卫等工作。

七、平面布置

为加快施工进度，减少临时设施，体现文明施工，布置施工现场遵循以下原则。

① 符合施工要求和工作方便。

② 充分利用已建成构筑物或设施。

③ 安排整齐有序。

④ 注意运输道路的畅通。

⑤ 材料存放地点和施工的距离要近，尽量减少搬运次数。

⑥ 现场办公室、施工班组更衣室，尽量靠近工作现场。

八、劳动力、主要施工机械使用计划及材料供应计划

① 劳动力使用计划见表1。

② 主要机械、工机具使用计划见表2，计量器具计划见表3。

表 1　劳动力使用计划

序号	工种名称	投入的劳动力情况/人	序号	工种名称	投入的劳动力情况/人
1	管理人员	13	8	电工	14
2	管道工	20	9	油工	8
3	焊工	8	10	测量员	4
4	混凝土工	4	11	钳工	3
5	钢筋工	2	12	超重工	5
6	木工	3	13	辅助工	18
7	瓦工	2			

表2　主要机械、工机具使用计划

序号	名称	型号	单位	数量	序号	名称	型号	单位	数量
1	吊车	8t	台	2	16	电动试压泵		台	2
2	吊车	25t	台	2	17	潜水泵		台	2
3	倒链	2t	台	6	18	排污泵	DN80	台	2
4	倒链	5t	台	8	19	架管		吨	10
5	气泵		台	2	20	脚手板		块	50
6	手砂轮		台	6	21	三步塔		个	13
7	电焊机		台	8	22	冲击钻		台	6
8	电锤		台	3	23	滚杠		根	40
9	台钻		台	1	24	汽车		辆	1
10	无齿锯		台	2	25	叉车	20t	台	2
11	气焊		套	6	26	平板车	12m平板	辆	3
12	对讲机		对	4	27	铲车		辆	2
13	焊条烘干箱		台	2	28	挖掘机		台	2
14	保温桶		个	8	29	推土机		台	2
15	千斤顶	50t	台	6	30	蛙式打夯机		台	8

表3　计量器具计划

序号	名称	型号	单位	数量	序号	名称	型号	单位	数量
1	水准仪		套	2	11	螺旋测微器	0.005mm	把	2
2	经纬仪		套	2	12	百分表		块	2
3	塔尺	5m	把	2	13	绝缘摇表	2C-7	块	6
4	塞尺	0.02~0.5mm	套	8	14	数字万用表	M3900	块	6
5	盒尺	5m	把	15	15	接地电阻测试仪	2C-8	块	2
6	钢卷尺	30m	把	2	16	水平尺	500m	把	4
7	钢卷尺	50m	把	2	17	压力表	Y-100 1.0MPa	块	4
8	角尺	300mm×500mm	把	4	18	压力表	Y-100 1.6MPa	块	4
9	钢板尺	1000mm	把	4	19	压力表	Y-100 2.5MPa	块	3
10	游标卡尺	0.02mm	把	2					

③ 材料供应计划：为了保证施工所用材料的及时供应，在施工过程中实行月份材料使用计划和周材料使用计划制度，且材料的月需用计划要提前15天上报材料科，以便制订材料的采购计划；周材料使用计划提前3天上报现场材料员，以保证材料的准时供应和小件材料的最佳采购。

九、冬雨季施工措施

根据施工实际情况，本工程跨越冬季，施工难度加大。为了保证工程质量和施工进度，在本施工组织设计中对本项工程冬季施工一般注意事项和采取的技术措施进行简要的说明。待正式施工前，根据施工现场的实际情况，由项目工程师负责组织分项技术负责人编制有针对性的技术措施，以保证工程的正常施工。

冬季施工，如果有地下水在挖槽过程中进入沟槽内，应及时排出沟槽，并及时处理沟槽底部，使沟槽底部符合设计要求和规范规定。采用机械挖土时，应按规范要求预留沟槽底部的土方。

管道在冬季施工，应符合以下要求：管道焊接前必须清除焊接部位的冰、雪、霜等。在焊接位置做好防风、防雪等措施，搭设防雪棚或在焊接位置加罩。焊接时环境温度如果低于 0℃ 应在焊口范围 100mm 内进行预热；如果焊接时温度低于 $-20 \sim -10$℃，预热温度应按焊接工艺评定进行确定。焊接时，应保证焊缝自由伸缩并防止焊口的冷却速度过快。焊条必须按规定进行烘干，用保温干燥桶运到施工现场，随用随取，不得受潮。不得在未焊接完毕的部位敲打焊渣，即使敲打焊渣，也宜在焊缝焊接完毕后再敲打。

管道试压后应及时将管道和试压泵内的水排净。

冬季施工应注意防火，施工现场和生活区应采取必要的预防措施，施工现场应做好防滑工作。

冬季施工应注意职工的防冻，生活基地应采取取暖措施，备足取暖物资。

十、文明施工、环保措施

① 文明施工的现场是工程进度、质量和安全生产的有力保证，也是树立企业外部形象的关键因素，因此必须加强施工现场的形象建设，由项目经理负责，项目副经理具体组织落实，公司质安科、生产科负责检查监督。

② 职工形象：进入施工现场的每一名职工，必须统一穿着××安装公司的工作服，戴好安全帽。

③ 材料场：材料场内材料分类堆放整齐，材料标识牌整齐。

④ 基地形象：施工基地大门口竖立"单位名称牌"、"工程概况牌"及"安全措施牌"、"现场平面图"等。

⑤ 用户第一原则，对于建设单位和监理单位提出的建议，应愉快地接受，并诚心诚意地照办，让建设单位和监理单位满意。

⑥ 施工中，尽力保护市政设施。在施工过程中，保证主要公路交通畅通，尽量减少对交通的影响；尽量减轻对周围居民的影响。施工中不可避免导致交通暂时中断或影响交通时，应有专人指挥车辆和行人。路面、人行道开挖后应设置明显的警示标志，以免造成伤害事故。堆放在路边的杂土等应及时清理。

⑦ 施工中密切配合建设单位做好各项工作，如果在施工中与周边单位或当地居民发生矛盾，应积极主动地进行协商解决。

⑧ 在施工中，遇有技术问题时，及时会同建设单位和设计单位进行协商解决，绝不私自改动设计，以免造成隐患。

⑨ 生活基地布置合理，办公室、食堂、职工宿舍整齐卫生，通风供暖良好。

⑩ 生产现场要尽量远离居民区，减少对周围居民的影响。

排水工程可行性研究报告的组成内容（摘录）

前言

说明工程项目提出的背景（改扩建项目要说明企业现有概况），建设的必要性和经济意义，简述可行性研究报告编制过程。

1　总论

1.1　编制依据

（1）上级部门的有关主要文件和主管部门批准的项目建议书；

（2）上级或主管部门有关方针政策方面的文件；

（3）委托单位提出的正式委托书和双方签订的合同（或协议书）；

（4）环境影响评价报告书；

（5）城市总体规划文件。

1.2　编制范围

（1）合同（或协议书）中所规定的范围；

（2）经双方商定的有关内容和范围。

1.3　城市概况

（1）城市历史特点、行政区划；

（2）城市性质及规模；

（3）自然条件，包括地形、河流湖泊、气象、水文、工程地质、地震、水文地质等；

（4）城市排水现状与规划概况；

（5）城市水域污染概况。

2　方案论证

2.1　雨、污水排放体制论证（分流制或合流制）。

2.2　排水系统布局论证。

2.3　排放污水水质情况论证。

2.4　排放污水水量情况论证。

2.5　污染环境治理论证。

2.6　污水处理厂。

（1）位置及布局论证；

（2）污水、污泥处理与处置工艺的论证；

（3）污水和污泥综合利用论证；

（4）污水不经处理或简易处理后向江、河、湖、海排放或回收利用的可行性论证。

2.7　大型或较复杂工程应进行系统工程分析的论证。

3　工程方案内容

3.1　设计原则。

3.2　排水系统方案比较，对各方案进行技术经济比较论证，并提出方案初步选择意见。

3.3　工程规模、规划人数及污水量定额，合流系统截留倍数的确定，干管渠道面、走向位置、长度、倒虹管、泵站及污水处理厂座数等。

3.4　污水水质及处理程度的确定。

3.5　污水处理厂的污水、污泥处理工艺流程，以及污水回用和污泥综合利用的说明。

3.6　供电安全程度，自动化管理水平等。

3.7　厂、站的绿化及卫生防护。

3.8　改扩建项目要说明对原有固定资产的利用情况。

3.9　采暖方式、采暖热媒、耗热量以及供热来源等。

4　管理机构、劳动定员及建设进度设想

4.1　管理机构及定员

（1）厂、站的管理机构设置；

（2）人员编制（附定员表）及生产班次的划分。

4.2　建设进度

（1）工程项目的建设进度要求和总的安排；

（2）建设阶段的划分（附建设进度设想表）。

5　投资估算及资金筹措

5.1　投资估算

（1）编制依据与说明；

（2）工程投资总估算表（按子项列表）；

（3）近期工程投资估算表（按子项列表）。

5.2　资金筹措

（1）资金来源（申请国家投资，地方自筹，贷款及偿付方式等）；

（2）资金的构成（列表）。

6　财务效益及工程效益分析

6.1　财务预测

（1）资金专用预测（列表说明），根据建设进度设想表确定项目的分年投资；

（2）固定资产折旧（列表说明）；

（3）污水处理生产成本（列表说明），算出单位水量的费用（元/m^3），生产成本结构为：

　　a. 药剂费用；

　　b. 动力费用；

c. 工资福利费;

d. 固定资产综合折旧（包括折旧费及大修）;

e. 养护维修费;

f. 其他费用（行政管理费等）;

g. 排水收费标准的建议（单位排水量的收费，元/m^3）。

6.2   财务效益分析

（1）算出投资效益;

（2）投资回收期（列表）。

6.3   工程效益分析

（1）节能效益分析;

（2）经济效益分析;

（3）环境效益和社会效益分析。

7   结论和存在问题

7.1   结论

在技术、经济、效益等方面论证的基础上，提出排水工程项目的总评价和推荐方案意见。

7.2   存在问题

说明有待进一步研究解决的主要问题。

附1   附图

1. 总体布置图。

2. 方案比较示意图。

3. 主要工艺流程图。

4. 污水处理厂或泵站平面图。

附2   附件

各类批件和附件。

可行性研究报告编制实例

××市 A 区城市生活垃圾物综合处置场工程可行性研究报告

第一章 总论

1.1 项目名称

××市 A 区城市生活垃圾物综合处置场工程

1.2 执行单位

1.2.1 建设单位

××市 A 区环卫处（垃圾焚烧、填埋场）

××市环保资源开发公司（垃圾堆肥场）

1.2.2 主管单位

××市 A 区建设委员会

1.3 设计单位

××××工程设计研究院

1.4 编制依据、原则、范围

1.4.1 编制依据

（1）《××市 A 区环境保护局（2018 年后更名为生态环境局）关于转报利用城市生活垃圾生产有机复混肥项目的报告》，××市 A 区环境保护局文件〔2000〕06 号；

（2）《关于利用城市生活垃圾生产有机复混肥项目立项的批复》，××市 A 区计划委员会文件，计财〔2000〕10 号；

（3）《××市环境保护局关于转报利用城市生活垃圾生产有机复混肥项目的报告》，××市环境保护局文件，××市环发〔2000〕145 号；

（4）关于××市 A 区垃圾综合处理和生产有机复混肥项目《可行性研究报告》委托书，××环保资源开发有限公司，2000 年 1 月 30 日；

（5）A 城市环境保护规划（1999—2020），A 区环境保护局，1999 年 6 月；

（6）A 区××生活垃圾处理场工程勘察报告，中国××勘察研究院，1998 年 11 月 25 日；

（7）A 区××生活垃圾处理场工程勘察补充资料，中国××勘察研究院，1999 年 2 月 12 日；

（8）A 区生活垃圾处理场工程建设情况汇报，2000 年 2 月 20 日；

（9）关于生活垃圾报送 A 区环保设施建设情况的请示；

（10）《固体废物污染环境防治法》；

（11）《环境空气质量标准》（GB 3095—1996）；

（12）《环境保护图形标志—固体废物贮存（处置）场》（GB 15562.2—1995）；

（13）《空气质量 一氧化碳的测定 非分散红外法》（GB 9801—1988）；

（14）《空气质量 恶臭的测定 三点比较式臭袋法》（GB/T 14675—1993）；

（15）《恶臭污染物排放标准》（GB 14554—1993）；

（16）《空气质量 氨的测定 次氯酸钠 水杨酸分光光度法》（GB/T 14679—1993）；

（17）《环境空气 二氧化硫的测定 甲醛吸收-副玫瑰苯胺分光光度法》（GB/T 15262—1994）；

（18）《工业固体废物采样制样技术规范》（HJ/T 20—1998）；

（19）国家环境保护标准《生活垃圾焚烧污染控制标准》（GWKB 3—2000）；

（20）《污水综合排放标准》（GB 8978—1996）；

（21）《工业企业噪声测量规范》（GBJ 122—1988）；

（22）《工业企业厂界噪声测量方法》（GB 12349—1990）；

（23）《城市区域环境噪声标准》（GB 3096—1993）。

1.4.2 编制原则

本方案以实现垃圾无害化、减量化和资源化为总的原则。结合当地实际情况，因地制宜，使垃圾无害化处理与资源化融为一体，以取得较好的环境效益、社会效益和经济效益。

在处理每天产生的城市生活垃圾的基础上，有一定的能力处理原来堆存在手爬岩的生活垃圾，同时又能满足城市垃圾产量增加的较远期规划。

总体工艺技术先进、经济合理、安全可靠，符合当地的实际情况。

完整的环保、安全措施，以防止二次污染，保证良好的工作环境，确保工人身体健康。

1.4.3 编制范围

A区××镇城市生活垃圾焚烧场；

A区××镇垃圾填埋场。

第二章 工程所在地概况

2.1 城镇概况

2.1.1 地理位置和自然条件概况

（1）地理位置（略）

（2）地形地貌（略）

（3）气候特征（略）

（4）水系及水资源（略）

2.1.2 社会经济概况

（1）整体情况（略）

（2）农业（略）

（3）工业和建筑业（略）

（4）交通、邮电通信（略）

（5）矿产资源（略）

2.2 兴建垃圾处理工程的必要性

随着经济的发展和城市化进程的加快，A区的城市基础设施建设落后于城市发展速度。多年来A区在生产、生活中产生了大量的固体废物，但未得到妥善处理。改革开放以来，随着 A 区经济建设的快速发展、城市人口的增加，城市生活垃圾的产生量进一步加大，对 A 区的经济发展产生了较大的影响。从 1998 年 6 月国家二部一委下达禁止向周围河流倾倒垃圾的指令后，A 区的所有生活垃圾都倾倒在现有垃圾场。由于垃圾场库容较小，而 A 区垃圾量大，目前垃圾场已爆满，基本上不能再继续使用。由于手爬岩垃圾场中的垃圾处于简易堆放状态，垃圾场内蚊蝇滋生，垃圾自然发酵，散发臭气、沼气，渗滤液污染地表水、地下水，对生态环境造成严重污染，对居民的身体健康构成了较大的威胁。传统的简单堆放、简单填埋、土法焚烧，甚至随意弃置的生活垃圾处理方式已被国家的相关法律法规所禁止，也为 A 区的可持续发展所不容，必须彻底加以改变。

第三章　项目建设规模、内容及进度安排

3.1　垃圾产生量及预测

为了使 A 区城市生活垃圾综合处理工程做到布局上合理、经济上可行，2003 年前无害化处理率达到 100%，首先必须对 A 区的生活垃圾产量、性质及其发展趋势做出估计。随着城市的逐步发展，垃圾产量逐渐增加。城市生活垃圾的产量预测方法主要有：以全市垃圾车的吨位为统计基础的推算方法；以每座建筑物垃圾产量为基础的推算方法；以每座垃圾中转站转运量为基础的计量方法；以每一个收集点收集容器所装垃圾平均质量为基础的计算方法；按人均日产垃圾量的计算方法；年均产量的推算方法。

A 区生活垃圾的产量主要依据现有收集的资料，采用年增长率、人均日产垃圾量及其变化趋势进行预测。采用这种方法必须估计人口增长率，由于大量三峡库区移民的迁入，A 区的人口增长率和垃圾人均产量增长率将明显不同于一般城市。

对垃圾产量进行预测，人均日产垃圾量是一个重要指标。这一数值随着一个城市所处的地理位置、气候状况、居民的生活水平与生活习性、城市规模、基础设施建设以及经济发展水平等因素相应变化，但是它有一个合理范围，这个合理范围的上限可以作为垃圾产量预测的控制值。根据 A 区的城市发展规划和人口数量，参照国内外有关城市的人均日产垃圾量，取以下年份人均日产垃圾量作为垃圾产量预测的控制值：2000 年，人均日产垃圾量为 0.87kg/（人·d），2010 年人均日产垃圾量小于 1.2kg/（人·d），2020 年人均日产垃圾量小于 1.25kg/（人·d）。

综合以上各种因素，预计 A 区人均垃圾产量年增长率大致为：2000～2003 年，2%；2003～2010 年，3%；2010～2015 年，2%；2015～2020 年人均日产垃圾量保持在 1.25kg/（人·d）。据此可以计算出 2000～2020 年间各年垃圾产量的预测值，见表（略）。

3.2　A 区城市生活垃圾的物理化学性质

3.2.1　垃圾性质现状（略）

3.2.2　垃圾性质预测（略）

3.3　建设规模

根据××市 A 区计划委员会《关于利用城市生活垃圾生产有机复混肥项目立项的批复》《关于报送 A 区环保设施建设情况的请示》及当地各级政府的要求，本项目计划建成一座生活垃圾综合处置场。

A 区现有城市人口 35 万余人，加上外来人口总计约 40 万人，人均日产垃圾量按 0.87kg/（人·d）计算，则目前总的垃圾产量为 348t/d。因此本研究报告设计该垃圾处

厂总的处理能力为 400t/d，同时根据对垃圾产量的预测，对生活垃圾的处理做一个中期和远期规划。

3.4   建设内容

3.4.1   方案一：城市生活垃圾综合处理场（惰性填埋场）

A 区生活垃圾中的一部分进行堆肥，另一部分全部焚烧，堆肥前的分选物和焚烧产生的残渣进入惰性填埋场。因此，该综合处理场应包括一个焚烧场、一个惰性废物填埋场和一个堆肥场。各处理场处理能力和进场对象为：

焚烧场焚烧对象为生活垃圾以及堆肥场的筛上物，总处理能力为 200t/d，共设 2 条生产线（单炉处理能力为 100t/d）。

堆肥场处置对象为生活垃圾。处理能力为 250t/d。每天产生 40t 大块渣土直接进填埋场，90t 不可堆腐的筛上物送往焚烧场。

惰性废物填埋场主要处置对象为建筑渣土、焚烧以后的惰性残渣及堆肥前分选的大块渣土。堆肥场的大块渣土、建筑渣土（约 40t/d）及焚烧残渣（约 90t/d），总的处理量要求约为每天 130t，每年 47450t。

为了保证综合处理场满足处理废物和保护环境的目标，根据有关废物管理的法规和标准，本方案设计主要包括以下建设内容。

（1）焚烧场

焚烧场建设内容包括：生活垃圾贮存池；焚烧系统设施；尾气处理系统设施；公用工程，包括供水、消防系统、电力、通信设施。

（2）惰性废物填埋场

由于填埋场的处理对象为以无机渣土（来自堆肥场）、建筑废物、焚烧残渣为主的惰性固体废弃物，在填埋过程中没有生化反应发生，不会产生渗滤液，也不会产生沼气，不同于一般的城市生活垃圾填埋处理，因此，该惰性废物填埋场的技术要求低于城市生活垃圾卫生填埋场。该惰性废物填埋场考虑以下建设内容：

① 入场管理设施；

② 截污坝；

③ 场地平整；

④ 防渗衬层系统；

⑤ 渗滤液收集、导排系统；

⑥ 排洪系统；

⑦ 最终覆盖层系统；

⑧ 入场及场区道路；

⑨ 环境监测系统；

⑩ 公用工程，包括办公、供水、消防、电力等系统以及通信设施、生活设施等；

⑪ 绿化工程。

其中⑨、⑩、⑪三项为焚烧场、填埋场的共用设施。

（3）堆肥场

堆肥场建设内容包括：

① 垃圾堆放场；

② 垃圾预处理系统；

③ 组合分选系统；

④ 垃圾发酵车间；

⑤ 复合肥生产车间；

⑥ 包装车间；

⑦ 废气处理系统；

⑧ 公用工程，包括供水、消防系统、电力、通信设施；

⑨ 办公系统、生活设施等；

⑩ 绿化工程。

（4）环境监测系统

① 监测机构的设置；

② 监测设备的配备。

3.4.2 方案二：城市生活垃圾综合处理场（生活垃圾填埋场）

A 区生活垃圾日产量为 400t 左右。该综合处理场的处理能力为 400t/d。其中 100t/d 堆肥，100t/d 焚烧（其中 36t/d 来自堆肥的筛上物），其余 200t/d 生活垃圾直接进入卫生填埋场。

为了实现处理废物和保护环境的目标，根据有关废物管理的法规和标准，本方案设计主要包括以下建设内容：

（1）入场管理设施；

（2）截污坝；

（3）场地平整及边坡处理；

（4）防渗衬层系统；

（5）渗滤液导排系统；

（6）渗滤液处理系统；

（7）排洪系统；

（8）地下水导排系统；

（9）最终覆盖层系统；

（10）入场及场区道路；

（11）环境监测系统；

（12）公用工程，包括办公系统、供水、消防系统、电力、通信设施、生活设施等；

（13）绿化工程。

环境监测系统见 3.4.1 中的第（4）项，堆肥场和焚烧场的建设内容同方案一。

3.4.3 实施计划（略）

第四章 垃圾处理方案论证

4.1 国内外城市生活垃圾处理处置方法（略）

4.2 A 区生活垃圾处理方案

根据 A 区的实际情况及各种垃圾处理方案的优缺点，A 区生活垃圾的处理主要有两种方案：

（1）经堆肥、焚烧处理以后形成惰性残渣进入惰性废物填埋场；

（2）所有生活垃圾直接进入生活垃圾填埋场。

4.3　方案一：生活垃圾综合处理场（惰性废物填埋场）

4.3.1　处理处置工艺的确定原则（略）

4.3.2　堆肥工艺的确定原则

（1）工艺成熟、技术先进、防止堆肥产生的臭气、渗滤液和粉尘对环境造成二次污染；

（2）堆肥产品结构合理、品种多样，可灵活调整生产规模和产品种类，适应市场需要。

4.3.3　惰性废物填埋处置工艺的确定原则（略）

4.3.4　焚烧处理工艺的确定原则（略）

4.3.5　总的工艺处理方案

根据以上处理原则，对 A 区城市生活垃圾拟采用如下工艺处理方案：

（1）所有生活垃圾必须经堆肥、焚烧处理，产生的残渣进入填埋场；生活垃圾不能直接进入填埋场。

（2）对于惰性残渣（堆肥弃土、焚烧残渣、建筑渣土），按惰性废物填埋。

（3）堆肥、填埋、焚烧处理工艺在保证先进、实用、可靠的基础上，必须经济合理。

（4）考虑 A 区垃圾处理的发展计划，到 2005 年，A 区城市人口发展到 50 万，日产垃圾约 500t；到 2010 年，人口 70 万，日产垃圾约 700t。在现有垃圾处理设备的基础上，增加一条 200t/d 的焚烧线，可以将垃圾处理能力增加到 600t/d，相应的垃圾处理能力到了 2008 年对应城市人口 62 万左右。

4.3.6　城市生活垃圾堆肥场

4.3.6.1　建场条件

（1）场址选择（略）

（2）场区位置、地形地质（略）

（3）气象条件（略）

（4）场区交通条件（略）

4.3.6.2　现有垃圾场现状（略）

4.3.6.3　建场规模

（1）垃圾实际产量

根据《A 区统计年鉴 1999》，1998 年末 A 区人口为 353114 人，其中 a 段 211885 人，占城区总人口的 60%。按人均垃圾产量 0.87kg/（人·d），则 a 段每天产生的垃圾量为 184.34t。考虑到目前 a 段垃圾的收集、运输，堆肥场必须有能力完全处理 a 段所产生的垃圾，同时又有能力处理一部分原来堆存的垃圾，因此该堆肥场的规模设计为 250t/d。

（2）堆肥市场调查（略）

① A 区农作物（略）

② A 区堆肥销售情况（略）

4.3.6.4　高温堆肥处理工艺设计

本工艺采用高温发酵技术，腐熟后的垃圾采用低温烘干工艺，在粗堆肥的基础上生产有机复合肥。考虑到煤泥灰及建筑垃圾在垃圾中占有一定的比例，对复合肥的有机质含量有一定的影响，因此工艺中采用两级人工分选，对垃圾中的无机质予以去除。250t/d 城市生活垃圾经分选后用于堆肥的产物约 120t/d，需焚烧的筛上物量约为 90t/d，需填埋的渣土约 40t/d。用于发酵堆肥的垃圾经加工后，最终可得到约 60～80t 有机质添加剂，每天可生产复合肥 120t。

（1）工艺概述（略）

（2）工艺设计

① 垃圾贮存（略）

② 垃圾分选（略）

③ 垃圾发酵工艺（略）

④ 腐熟工艺（略）

⑤ 后加工工艺（略）

⑥ 制肥工艺（略）

4.3.6.5　设备设计

堆肥车间主要设备见表1。

表 1　堆肥车间主要设备

序号	设备名称	台数	型号	备注
一	垃圾贮存			
1	电动单梁起重机	1		
2	电控室	1		
3	抓斗	1	3m³	
二	分选车间			
1	粗选皮带	1		
2	破碎机	1	W60 型	产量为 12～14t/h
3	带式输送机	4	TD75	运行速度为 0.4～1.6m/s
4	滚筒筛	1		
5	磁选机	1	RCDD-6	
三	堆肥车间			
1	拌和机	1	10 型 DY177	
2	振动下料机	1		
3	电动葫芦	1		
4	皮带运输机	3	TD75	运行速度为 1.0m/s
5	卸料小车	5		
6	装载机	2	ZI40	
7	风机	1		
8	锅炉	1		
四	后加工车间			
1	皮带运输机	3	TD75	运行速度为 1.25m/s
2	滚筒干燥机	1	φ1.8m×15m	
3	旋风分离器	1	CLK-700	
4	反击式破碎机	2		

续表

序号	设备名称	台数	型号	备注
5	振动球磨机	2		
6	埋刮板输送机	1		
五	制肥工艺			
1	圆盘给料机	4		
2	圆盘造粒机	4		
3	皮带输送机	4	TD75	运行速度为 0.4～1.6m/s
4	滚筒干燥机	1	$\phi1.8m×15m$	
5	旋风分离器	1	CLK-700	
6	双层振动筛	1		
7	粉碎机	1	W50 型	
8	拌和机	1	10 型 DY177	
9	包装机	2		
10	电动葫芦	2		

4.3.6.6　建筑及结构设计（略）

4.3.6.7　组织机构及人员编制（略）

4.3.6.8　总图运输（略）

4.3.6.9　供电（略）

4.3.6.10　燃气供应（略）

4.3.6.11　给、排水（略）

4.3.6.12　通风除尘（略）

4.3.6.13　环境保护、消防及安全卫生（略）

4.3.7　惰性废物填埋场

4.3.7.1　工程选址（略）

4.3.7.2　建场条件（略）

4.3.7.3　填埋工艺设计

（1）设计原则和标准

本设计遵循"技术先进、经济合理、安全可靠"的原则，参考我国《城市生活垃圾卫生填埋技术标准》（CJJ 17—1988），进行场内防渗系统、渗滤液收集导排系统、覆盖系统和填埋工艺设计，实现固体废物的无害化处理目标。对进场公路、场区道路和填埋场公用、辅助工程等则使用国家的有关标准进行设计。在设计过程中，填埋场建设的施工及材料指标均以项目建设所在地（A 区）的有关技术标准为准，对于当地标准中缺少的施工材料，则参考国家相应的技术标准。

（2）设计内容

本废物填埋场的主要设计内容见本报告 3.4.1 中的第（2）项"惰性废物填埋场"。

（3）建设规模及服务年限

① 填埋场处理规模。填埋场的处理量要求约为每天 130t，每年 47450t，所需填埋容积为 27911.8m³。运行 20 年的总填埋量为 949000t，所需容积 55.8 万 m³。

② 填埋容积与服务年限（略）

4.3.7.4 工艺过程及设备

（1）工艺过程（略）

（2）填埋设备（见表 2）

表 2 填埋作业主要设备明细表

项目序号	设备型号	型号规格及技术性能	单位	数量
1	湿式推土机	103kW（140hp）	台	1
2	前端式装载机	ZL-10	台	1
3	挖掘机	$0.8m^3$ 液压，R200	台	1
4	自卸汽车	4.5t	辆	3
5	压路机	Y7-10/12A	台	1
6	工具车	1.25t	台	1
7	旅行车	20 座	辆	1

4.3.7.5 入场管理设施（略）

4.3.7.6 场地布置与施工安排（略）

4.3.7.7 填埋场开挖与场地平整工程（略）

4.3.7.8 垃圾坝（略）

4.3.7.9 雨水导排（略）

4.3.7.10 场区汇水处理（略）

4.3.7.11 防渗系统设计（略）

4.3.7.12 渗滤液收集与处理（略）

4.3.7.13 最终覆盖层系统设计（略）

4.3.7.14 建筑结构（略）

4.3.7.15 公用工程

（1）给排水（略）

（2）电气（略）

（3）照明（略）

（4）通信（略）

4.3.7.16 环境监测

主要监测设备见表 3。

表 3 填埋场主要监测设备

序号	仪器和设备名称	台	用途
1	玻璃仪器、采样设备等		
2	小型仪器如 COD 测定仪、BOD 测定仪、pH 计、噪声测定仪、天平等	1	pH、BOD、COD 噪声测定等
3	实验室设施（包括实验台、空调、通风设施等）		
4	环境监测车	1	采样等

4.3.7.17 组织机构及人员编制（略）

4.3.7.18 安全、卫生（略）

4.3.8   城市生活垃圾焚烧场

4.3.8.1   工程选址（略）

4.3.8.2   建场条件（略）

4.3.8.3   建设规模（略）

4.3.8.4   焚烧工艺设计（略）

4.3.8.5   建筑结构（略）

4.3.8.6   环境监测（略）

4.3.8.7   公用工程（略）

4.3.8.8   垃圾焚烧处理厂厂区平面布置（略）

4.3.8.9   组织机构及人员编制（略）

4.3.8.10   安全、卫生（略）

4.3.8.11   节能（略）

4.3.9   垃圾焚烧场、填埋场总图运输（略）

4.3.10   堆肥场投资估算与财务分析

4.3.10.1   投资估算与资金筹措

（1）编制依据

① 全国统一建筑工程基础定额××市基价表，××市建设委员会，1999年；

② ××市建筑工程综合基价表，××市建设委员会，2000年；

③《全国统一建筑工程基础定额》××市基价表更正表，××市建设委员会，1999年；

④ ××市市政工程预算定额，××市建设委员会，1999年；

⑤ ××市建设工程费用定额，××市建设委员会，××市计划委员会，××市财政局，××市物价局，1999年；

⑥ 当地政府提供的其他有关数据。

（2）编制说明

① 土地征用50亩，每亩20万元。"三通一平"计算在总投资之内。

② 建设单位管理费按第一部分工程费用的1.3%计算。

③ 生产人员培训费按设计定额58人的60%计算，为35人。培训期三个月，培训费3000元/人。

④ 办公及生活家具购置费，按投资实际定员58人计算，每人为600元。

⑤ 联合试运转费，按第一部分费用设备费总值的1%计算。

⑥ 供电贴费，按双电源900元/(kV·A)计算。

⑦ 勘察设计费，按第一部分费用的4%计算。

⑧ 工程监理及质检，按第一部分工程费用的1%计算。

⑨ 设计前期工作费用，按第一部分工程费用的0.5%计算。

⑩ 其他费用（包括试验研究费，工器具及生产家具购置费，竣工清理费等），按第一部分工程费用的1%计算。

⑪ 基本设备费，按第一、二部分费用之和的5%计算。

⑫ 建设期贷款，年利率按6%计算，只计单利。

⑬ 铺底流动资金，按流动资金的 30% 计算。

（3）工程投资估算

城市生活垃圾日处理规模为 250t。设计投资为 2515.07 万元，分项核算如下：

① 250t/d 一条处理线：2365.07 万元；

② 厂区绿化费：50 万元；

③ 不可预见费：100 万元。

本工程设计规模为 250t/d，工程费用包括生产建筑物、构筑物、附属建筑物、设备、用电增容及外线工程等费用。估算工程费用为 812.9 万元，工程静态总投资为 2268.17 万元，工程动态总投资为 2365.07 万元。

余下略。

概算书编制实例

某市污水处理厂工程初步设计概算书（节选）

编制说明

一、概述

　　××市污水处理厂设计规模为 10 万 m^3/d，本设计要求在工艺路线先进的基础上采用国产设备和仪器，以降低工程总投资。

　　污水处理采用具有脱磷脱氮功能的氧化沟工艺，污泥处理采用浓缩、机械脱水的方法。

　　设计范围包括污水处理厂厂界区内的主要工程项目、辅助工程项目、公用工程项目、服务性工程项目及厂外工程项目（如厂外供电线路、处理后水的排放管、厂外道路等）的设计内容，但不包括厂外排水管网。污水处理厂采用二级负荷，双电源供电。

　　本设计报批项目总投资 11405.04 万元，其中固定资产投资 10760.32 万元，建筑工程费 3334.69 万元，设备购置费 3156.69 万元，安装工程费 1093.69 万元，其他工程费 3175.25 万元，建设期借款利息 584.21 万元，铺底流动资金 60.51 万元。

二、编制依据

　　1.《城市污水处理工程项目建设标准》，建标〔1994〕574 号文；

　　2.《中华人民共和国建设部市政工程可行性研究投资估算编制办法》，建标〔1996〕628 号文；

　　3.《全国市政工程投资估算指标》，建标〔1996〕309 号文；

　　4.《全国统一市政工程预算定额××省单位估价表》（上、下册）（1997）；

　　5.《××省市政工程费用定额》（1997）；

　　6.《全国统一建筑工程基础定额××省单位估价表》（1997）；

　　7.《全国统一安装工程基础定额××省单位估价表》（1997）；

　　8.《××省建筑安装工程费用定额》（1997）；

　　9. 人工费均执行××省建设厅建字〔1997〕286 号文《关于调整建设工程预算定额人工费的通知》调到 19.69 元/工日；

　　10. 机械台班费用按××省工程建设标准定额总站文件，建字〔1995〕68 号文《关于调整建筑装饰等工程预算定额单位估价表中施工机械台班费用的通知》调整；

　　11. 设备价格按生产厂询价及按《工程建设全国机电设备 1998 年价格汇编》执行，设备运杂费按设备原价的 7%计；

　　12. 工程建设监理费按国家物价局、建设部〔1992〕价费字 479 号文《关于发布工程监理费有关规定的通知》计列。

三、其他说明

1. 零星工程费按 10％作为预算定额与概算定额差；

2. 厂区征地青苗补偿费及土地复垦费按 6.0 万元/亩计列；

3. 地基处理费为暂估列值，待地质资料齐全后，按实调整；

4. 设计费及预算编制费按国家物价局、建设部〔1992〕价费字 375 号文《工程设计收费标准》计列；

5. 供电贴费按 450 元/（kV·A）（双回路）计列；

6. 建设期按两年计，基本预备费按 10％计，涨价预备费按 6％计；

7. 土建、安装工程均按一类工程计取费用；

8. 设计的材料价格采用 1998 年《××市建筑安装工程预算价格》计算；

9. 综合费率按以下标准计算：

建筑工程定额直接费×0.3363＋定额人工费×0.4234

安装工程定额直接费×0.03573＋定额人工费×6.3508＋定额机械费×1.1393

其他费用计算程序详见附录（略）。

概算表（附后）

1. 单位工程土建概算表

工程名称：粗格栅（略）

工程名称：细格栅（略）

工程名称：生物反应池

序号	单位估价号	工程和费用名称	单位	数量	单位价值/元		总价值/元	
					基价	人工	基价	人工
1	1-2	人工挖土方	100m³	28.91	940.38	940.38	27185	27185
2	1-72	机械挖土方	100m³	291.60	1385.88	15.32	404121	4467
3	1-43	平整场地	100m²	53.83	111.65	111.65	6010	6010
4	1-46	回填土	100m³	41.34	699.85	698.76	28930	28885
5	1-54	铲运机运土 200m	100m	85.25	555.47	27.12	47354	2312
6	6-63	混凝土垫层	10m³	68.93	2228.39	222.94	153594	15366
7	5-380 换	C25 钢筋混凝土池底 $\delta=300mm$	10m³	253.45	5892.77	550.31	1493528	139477
8	5-391 换	C25 钢筋混凝土池壁 $\delta=400mm$	10m³	102.30	8667.76	1011.69	886712	103496
9	5-390 换	C25 钢筋混凝土池壁 $\delta=300mm$	10m³	74.44	8208.14	1064.12	610989	79210
10	5-398 换	C25 钢筋混凝土水槽	10m³	3.31	10561.60	1830.38	34969	5750
11	5-398 换	C25 钢筋混凝土水柱	10m³	14.00	11285.81	1736.70	158035	18004

续表

序号	单位估价号	工程和费用名称	单位	数量	单位价值/元		总价值/元	
					基价	人工	基价	人工
12	5-403换	C25钢筋混凝土肋形盖	10m³	4.07	8304.35	1285.71	33799	2875
13	5-395换	池外壁挑檐	10m³	4.80	10113.34	1690.21	48544	8113
14	安12-33	钢栏杆	t	6.32	6500.00	706.48	41077	3942
15	安12-29	爬式钢梯	t	1.73	5269.63	623.78	9130	1081
16	安11-591	金属构件银粉两遍	t	13.88	115.43	42.73	1602	593
17	5-458	预埋铁件	t	4.95	6015.90	385.66	29779	1909
18	5-438	池底防水砂浆面	100m²	47.77	1124.92	171.52	53741	8194
19	5-440	池壁抹防水砂浆	100m²	76.90	1268.07	271.02	97516	20842
20	3-330	池外壁贴面砖	100m²	11.75	509.51	148.80	5987	1748
21	1-326	脚手架	100m²	50.39	115.43	42.73	5817	2153
22	安3-23	满堂红脚手架	100m²	68.93	292.50	103.18	20161	7112
23	3-455	变形缝	100m	3.27	10186.77	202.52	33280	662
24	说明	施工排水费	100m³	194.60	1331.70	264.15	258886	51352
		混凝土添加减水剂Q型	kg	7453.60	18.00		134165	
		小计					4624911	540738
		零星工程10%					462491	54074
		推土机进退场费	台次		4470.35		4470	
		铲掘机进退场费	台次	1	3996.03		3996	
		挖掘机进退场费	台次	1	4089.82		4090	
		直接费合计					5099959	594811
		综合费:0.3363×直接费＋0.4234×人工费					1966959	
		合计					7066917	
		二座生物反应池	座	2			14133835	

工程名称：二沉池

序号	单位估价号	工程和费用名称	单位	数量	单位价值/元		总价值/元	
					基价	人工	基价	人工
1	1-72	机械挖土方	100m³	64.96	1385.88	15.32	90027	995
2	1-2	人工挖土方	100m³	7.22	940.38	940.38	6790	6790
3	1-54	铲运机运土	100m³	15.05	555.47	27.12	8360	408
4	1-46	回填土	100m	9.04	699.85	698.76	6327	6317
5	1-43	平整场地	100m²	15.69	111.65	111.65	1752	1752
6	6-63	混凝土垫层	10m³	15.78	2228.39	222.94	35164	3518
7	5-384换	C25钢筋混凝土锥坡底 $\delta=400mm$	10m³	54.09	6683.30	701.40	361500	37939
8	5-383换	C25钢筋混凝土池壁 $\delta=400mm$	10m³	20.63	10366.94	1391.01	213766	28683
9	5-416换	C25钢筋混凝土水槽	10m³	2.18	14388.53	2782.56	31367	6066
10	5-438	池底拌防水砂浆	100m²	12.62	1124.92	171.52	14196	2165
11	5-440	池壁拌防水砂浆	100m²	5.65	1268.07	271.02	7165	1531
12	3-30	池外壁贴面砖	100m	1.79	4054	927.17	7257	1660
13	5-395换	池外壁挑檐	10m³	2.75	10113.34	1690.21	27812	4648
14	6-445	池外壁沥青两道	100m²	6.45	657.47	64.99	4241	419
15	安3-23	满堂红脚手架	100m²	13.00	292.50	103.18	3803	1341
16	5-458	预埋铁件	t	3.60	6115.90	385.66	22017	1388
17	安11-591	钢结构刷油漆	t	3.60	415.43	42.73	1496	154
18	5-455	变形缝	100m	0.91	10186.77	202.52	9270	184
19	1-326	脚手架	100m	12.56	509.51	148.80	6399	1869
	说明	施工排水量	100m³	43.31	1331.70	264.15	57676	11440
		混凝土添加剂Q型	kg	1076.49	18.00		19377	
		小计					935760	119267
		零星工程费10%					93576	11927
		推土机进退场费	台次	1	4470.35		4470	
		铲掘机进退场费	台次	1	3996.03		3996	

续表

序号	单位估价号	工程和费用名称	单位	数量	单位价值/元		总价值/元	
					基价	人工	基价	人工
		挖掘机进退场费	台次		4089.82		4090	
		直接费合计					1041892	131193
		综合费：0.3363×直接费＋0.4234×人工费					405935	
		合计					1447827	
		四座沉淀池	座	4			5791310	

2. 单位工程安装概算表

工程名称：粗格栅及提升泵站工艺设备

序号	定额编号	工程费用和名称	单位	数量	单重/kg	总重/kg	单位价值/元			总价值/元			设备或主材费			
							基价	其中		基价	其中		单位	数量	单价	总价
								工资	辅材费		工资	辅材费				
1	1-925	潜污泵 WQ1000-16-75 $Q=10000m^3/h$, $P=0.14MPa$ 配电机 $P=75kW$	台	5	2200	11000	611.98	269.98	292.25	3060	1348	1461	台	5	165000	825000
2	2-362	一控二、一控三控制柜各一台	面	2			127.74	43.7	52.73	255	87	105				
3	1-1041	泵拆装检查	台	5			331.31	267	55.31	1657	1335	277				
4	1-410	电动葫芦 CD12-6D 起重量:2t 起升高度:6m	台	1			72.71	48.12	24.59	73	48	25	台	1	14150	14150
5	1-586	皮带运输机 $B=500m$ $Q=2m^3/h$, $L=8m$	台	1			1181.6	437.28	628.28	1182	437	626	台	1	27300	27300
6	15-1153	螺旋压榨机 $P=2.2kW$	台	1			1722.39	714.20	592.30	1722	714	592	台	1	93600	93600

续表

序号	定额编号	工程费用和名称	单位	数量	单重/kg	总重/kg	单位价值/元 基价	其中 工资	辅材费	总价值/元 基价	其中 工资	辅材费	设备或主材费 单位	数量	单价	总价
7		格栅除污机 GLGS1580 格栅宽:1.2m 沟道深:7.3m $P=1.1kW$	台	2			1569.86	768.94	431.73	3140	1538	863	台	2	266500	533000
8		零星工程	元							795	397	309				
		小计								11883	5905	4259				1493050
		设备运杂费: 设备原价 ×0.7														104514
		脚手架搭拆费: 人工费×12%, 其中工资占25%								709	177					
		综合费率:直接费×0.03573+ 人工费×6.3508+ 机械费×1.1393								41639						
		合计								54231						

工程名称：粗格栅及提升泵站工艺材料

序号	定额编号	工程费用和名称	单位	数量	单重/kg	总重/kg	单位价值/元 基价	其中 工资	辅材费	总价值/元 基价	其中 工资	辅材费	设备或主材费 单位	数量	单价	总价
1	6-67	焊接钢管安装 D1420×12	10m	0.2			688.31	130.27	164.07	138	26	33				
2	6-61	埋接钢管安装 D630×9	10m	6			223.9	47.1	43.74	1343	283	262				
3	6-1856	碳钢板直管制作 D1420×12		0.84			404.91	70.56	141.92	340	59	119	t	0.882	3000	2646
4	6-1876	碳钢板直管制作 D630×9	t	8.27			537.47	108.88	184.00	4743	900	1500	t	8.684	3000	26051
5	6-463	钢筋混凝土管 d100	10m	0.2			307.32	81.79	64.86	61	16	13	10m	0.2	2739	548
6	6-396	排水铸铁管 d50	10m	0.2			20.77	11.41	9.36	4	2	2	10m	0.2	119	24
7	6-461	镀锌焊接钢管安装 DN20	10m	0.6			225.05	50.69	55.85	135	30	34	10m	0.6	1570	942

续表

序号	定额编号	工程费用和名称	单位	数量	单重/kg	总重/kg	单位价值/元 基价	单位价值/元 其中 工资	单位价值/元 其中 辅材费	总价值/元 基价	总价值/元 其中 工资	总价值/元 其中 辅材费	设备或主材费 单位	设备或主材费 数量	设备或主材费 单价	设备或主材费 总价
8	6-396	镀锌焊接钢管安装 DN15	10m	0.2			20.77	11.41	9.36	4	2	2	10m	0.2	119	24
9	6-756	90°钢制弯头安装 DN600	10个	0.5			1308.88	185.93	577.63	654	93	289				
10	6-1890	90°钢制弯头制作 DN600	t	0.64			1338.42	205.99	625.92	857	132	401	t	0.678	3000	2035
11	6-723	钢制异径管安装 DN600×40	10个	0.5			1141.59	142.51	540.73	571	71	270				
12	6-1569	钢制异径管制作 DN600×400	t	0.16			993.27	314.92	353.48	159	50	57	t	0.179	3000	538
13	6-2341	刚性防水套管（Ⅳ型）制作 DN600	个	5			1022.31	42.96	898.46	5112	215	4492				
14	6-2352	刚性防水套管（Ⅳ型）安装 DN600	个	5			112.83	17.02	95.81	564	85	479				
15	6-1387	橡胶柔性接头 DN600	个	5			183.18	23.46	69.17	916	117	346	个	5	2832	14160
16	6-1387	法兰 DN600	副	5			183.18	23.46	69.17	916	117	346	副	5	907	4535
17		零星工程	元							1652	220	867				5150
		小计								8169	2421	9532				56652
		脚手架搭拆费：人工费×5%，其中工资占55%								121	67					
		综合费率：直接费×0.03573＋人工费×6.3508＋机械费×1.1393								25617						
		合计								100559						

3. 综合概算表

项目名称：××市污水处理厂工程

序号	工程和费用名称	概算价值/万元	单位概算价值/万元 建筑构筑物	工艺 设备	工艺 安装	工艺 管道	电气 设备	电气 安装	自控 设备	自控 安装	暖通 设备	暖通 安装	室内给排水	照明避雷
	第一部分：工程费用													

续表

序号	工程和费用名称	概算价值/万元	单位概算价值/万元											
			建筑构筑物	工艺			电气		自控		暖通		室内给排水	照明避雷
				设备	安装	管道	设备	安装	设备	安装	设备	安装		
一	主要工程项目													
1	粗格栅及提升泵房	283.62	98.31	159.76	5.42	10.06	0.68	0.13	9.01	0.17	0.07	0.01		
2	细格栅及沉砂池	496.01	69.26	262.34	12.42	145.13	0.04	0.03	6.68	0.11				
3	生物反应池	2380.06	1428.79	847.33	3.94	45.90	0.12	0.18	51.92	1.88				
4	鼓风机房	254.72	42.87	189.10	4.73	8.50	0.48	0.11	8.37	0.20				
5	二沉池	798.76	586.83	164.35	20.88	25.91	0.64	0.15						
6	污泥泵站	233.16	88.14	127.74	2.79	8.88	0.28	0.12	4.75	0.46				
7	污泥浓缩脱水间	626.59	66.88	521.74	6.08	7.60	15.14	5.13	0.60	0.01	3.27	0.14		
8	排水泵站	100.08	45.52	25.69	2.34	24.30			2.18	0.05				
9	中央控制室	147.81							91.81	56.00				
10	厂区综合管线	224.28	36.87			187.41								
11	全厂防腐保温	193.96			193.96									
12	备品备件购置费	24.30		24.30										
13	工器具及生产家具购置费	46.30		46.30										
	小计	5811.95	2463.47	2370.96	252.56	463.69	17.38	5.85	175.68	58.87	3.34	0.15		
二	辅助工程项目													
1	维修间	108.22	22.23	67.27	1.40		7.03	0.29	10.00					
2	综合仓库	14.56	14.56											
3	分析化验	135.93		132.93	3.00									
	小计	258.7	36.79	200.20	4.40		7.03	0.29	10.00					
三	公用工程													
1	全厂化学消防	1.95	1.95		1.95									
2	厂内打井	21.00	21.00											
3	变电所	286.33	53.40				217.54	11.39			3.79	0.21		
4	全厂供电外线及照明	203.58	203.58					203.58						

续表

序号	工程和费用名称	概算价值/万元	建筑构筑物	工艺 设备	工艺 安装	工艺 管道	电气 设备	电气 安装	自控 设备	自控 安装	暖通 设备	暖通 安装	室内给排水	照明避雷
				单位概算价值/万元										
5	全厂电信	35.22					25.32	9.90						
6	锅炉房	40.35	12.00	21.37	1.87	2.00	1.81	1.30						
7	围墙	26.15	26.15											
8	大门及门卫	27.50	27.50											
9	厂区道路	136.71	136.71											
10	运输车辆	89.54		89.54										
11	厂区绿化及建筑小品	66.88	66.88											
12	地基处理费	100.00	100.00											
13	四通一平	32.45	32.45											
	小计	1067.66	476.09	112.86	1.87	2.00	244.67	226.17			3.79	0.21		
四	服务性工程项目													
1	综合楼	159.84	146.43				4.55	2.23			6.23	0.40		
2	食堂、浴室	70.56	70.56											
3	汽车库	24.99	24.99											
4	自行车棚	1.80	1.80											
5	倒班及单身宿舍	32.76	32.76											
	小计	289.95	276.54				4.55	2.23			6.23	0.40		
五	厂外工程项目													
1	厂外供电线路	45.00						45.00						
2	处理后水的排放管	30.00	30.00			30.00								
3	厂外道路	67.02	67.62											
4	厂外防护林带	13.62	13.62											
	小计	156.24	81.24			30.00		45.00						
	第一部分工程费用合计	7584.51	3334.13	2684.02	258.83	495.69	273.63	279.54	185.68	58.87	13.36	0.76		

4. 总概算表

项目名称：××市污水处理厂工程

序号	工程及费用名称	概算价值/万元				
		建筑工程费	设备购置费	安装工程费	其他费用	合计
	第一部分:工程费用					
一	主要工程项目					
1	粗格栅及提升泵房	98.31	169.52	15.79		283.62
2	细格栅及沉砂池	69.26	269.06	157.69		496.01
3	生物反应池	1428.79	899.37	51.90		2380.06
4	鼓风机房	42.87	198.31	13.54		254.72
5	二沉池	586.83	164.99	46.94		798.76
6	污泥泵站	88.14	132.77	12.25		233.16
7	污泥浓缩脱水间	66.88	540.75	18.96		626.59
8	排水泵站	45.52	27.87	26.69		100.08
9	中央控制室		91.81	56.00		147.81
10	厂区综合管线	36.87		187.41		224.28
11	全厂防腐保温			193.96		193.96
12	备品备件购置费		24.30			24.30
13	工器具及生产家具购置费		46.30			46.30
	小计	2463.47	2567.36	781.12		5811.95
二	辅助工程项目					
1	维修间	22.23	84.30	1.69		108.22
2	综合仓库	14.56				14.56
3	分析化验		132.93	3.00		135.93
	小计	36.79	217.23	4.69		258.71
三	公用工程					
1	全厂化学消防		1.95			1.95
2	厂内打井	21.00				21.00
3	变电所	53.40	221.33	11.60		286.33
4	全厂供电外线及照明			203.58		203.58
5	全厂电信		25.32	9.90		35.22
6	锅炉房	12.00	23.18	5.17		40.35
7	围墙	26.15				26.15
8	大门及门卫	27.50				27.50

续表

序号	工程及费用名称	概算价值/万元				
		建筑工程费	设备购置费	安装工程费	其他费用	合计
9	厂区道路	136.71				136.71
10	运输车辆		89.54			89.54
11	厂区绿化及建筑小品	66.88				66.88
12	地基处理费	100.00				100.00
13	四通一平	32.45				32.45
	小计	476.09	361.32	230.25		1067.66
四	服务性工程项目					
1	综合楼	146.43	10.78	2.63		159.84
2	食堂、浴室	70.56				70.56
3	汽车库	24.99				24.99
4	自行车棚	1.80				1.80
5	倒班及单身宿舍	32.76				32.76
	小计	276.54	10.78	2.63		289.95
五	厂外工程项目					
1	厂外供电线路			45.00		45.00
2	处理后水的排放管			30.00		30.00
3	厂外道路	67.02				67.02
4	厂外防护林带	13.62				13.62
	小计	81.24		75.00		156.24
	第一部分工程费用合计	3334.13	3156.69	1093.66		7584.51
	第二部分：其他费用					
1	土地购置、拆迁及复垦费				807.60	807.60
2	建设单位管理费				91.01	91.01
3	办公及生活家具购置费				6.50	6.50
4	生产职工培训费				11.70	11.70
5	生产职工提前进厂费				3.25	3.25
6	勘察费				49.30	49.30
7	前期工作及环境评价费				35.00	35.00
8	设计费及预算编制费				181.12	181.12
9	供电贴费				172.69	172.69

续表

序号	工程及费用名称	概算价值/万元				
		建筑工程费	设备购置费	安装工程费	其他费用	合计
10	施工机械迁移费				44.28	44.28
11	联合试运转费				31.57	31.57
12	工程监理费				57.56	57.56
13	供水增容费				48.00	48.00
14	竣工图编制费				8.23	8.23
15	城市配套设施费				60.68	60.68
	小计				1608.49	1608.49
	第三部分:预备费					
1	基本预备费				919.30	919.30
2	价差预备费				648.02	648.02
	小计				1567.32	1567.32
	固定资产投资	3334.13	3156.69	1093.69	3175.81	10760.32
	建设期贷款				584.21	584.21
	铺底流动资金				60.51	60.51
	报批项目总投资	3334.13	3156.69	1093.69	3820.53	11405.04

国内招标文件编制实例

××市污水处理厂工程建筑工程招标文件

第一章　工程项目简介

一、项目介绍

1. 项目名称：××市污水处理厂工程。

2. 业主名称：××市污水处理厂。

3. 总承包商（以下称招标人）：××工程公司。

4. 工程地点：××省××市。

二、现场条件

1. "三通一平"条件基本具备。

2. 工程建（构）筑物抗震设防烈度为6度。

3. 工程地质情况：由棕红色黏土、黄色沙土和粉沙土组成。地下水位随季节变化，无不良土质。

三、气象条件

1. 降水量

（1）年平均降水量803.4mm；

（2）年最高降水量1465.9mm；

（3）年最小降水量470.2mm。

2. 气温

（1）最高温度40.1℃；

（2）最低温度－20.6℃；

（3）多年平均气温14.5℃。

3. 风向

（1）夏季主导风向：偏南；

（2）冬季主导风向：偏北；

（3）全年主导风向：东南风。

四、资金来源

国债、银行贷款、业主自筹。

第二章　招标范围、质量、工期要求

一、招标范围

本次招标为《技术说明书》（附件三）中的生物曝气池及二沉池（称甲标段）。

二、质量要求

鉴于本工程为××省示范工程，建筑工程必须达省优工程。采用的技术标准、规范目录见附件一。

三、工期要求

建筑工程必须在 180 日内完成，要求 2000 年×月××日开工至 2001 年×月××日竣工，报价应包括为实现工期目标而支出的各项措施费用。

第三章　招标程序及招标文件

招标方式：邀请招标

一、招标程序

1. 组建招标工作小组。
2. 申请招标、批复。
3. 编制招标文件，提出评委方案，制订评标定标办法，报审，批复（或备案）。
4. 申请公证，发投标邀请书。
5. 投标人报名，填写资质预审表。
6. 投标人资格预审，确定入围名单。
7. 发布招标文件。
8. 组织现场考察。
9. 投标前答疑会。
10. 投标人编投标书，招标人组织编标底。
11. 投标人递送标书。
12. 标底报审、批复。
13. 开标

（1）招标人将于截止递交投标文件的当天举行开标会议，参加开标的投标单位代表应签名报到，验明证件以证明其出席开标会议的资格。

（2）开标会议在招标管理机构监督下，由招标人组织并主持。由公证人对投标文件进行检查，确定它们是否完整，是否按要求提供了投标保证金，文件签署是否正确，以及是否按规定编制。按规定提交合格撤回通知的投标文件不予开封。

（3）投标单位法定代表人或授权代表未参加开标会议的视为自动弃权。投标文件有下列情况之一者将视为无效文件：

① 投标文件未按规定标志、密封（见第四章第九条）；

② 授权委托书、投标书未经法定代表人签署或未盖投标单位公章或未盖法定代表人印鉴（三者缺一不可）；

③ 投标文件未按规定的格式填写，内容不全或字迹模糊辨认不清；

④ 投标截止时间后送达的投标文件。

（4）招标人当众宣布开标结果，并宣读有效投标的投标单位名称、投标报价、工期、质量、投标保证金以及招标单位认为适当的其他内容。

14．评标

（1）评标内容的保密

① 公开开标后，直到宣布授予中标单位合同为止，凡属正在审查、澄清、评价的所有资料，有关授予合同的信息，都不应向投标单位或与评标无关的其他人泄露。

② 在投标文件的审查、澄清、评价以及授予合同的过程中，投标单位对招标单位和评标委员会或评标小组成员施加影响的任何行为，都将导致取消其投标资格。

（2）投标文件的澄清

为了有助于对投标文件的审查、评价和比较，评标委员会或评标小组可以个别地要求投标单位澄清其投标文件。有关澄清的要求与答复，应以书面形式进行，但不允许更改投标报价的实质性内容。但是按第四章第十六条规定校核时发现的计算错误不在此列。

（3）投标文件的符合性鉴定

① 在详细评标之前，评标委员会或评标小组将首先审定每份投标文件是否实质上响应了招标文件的要求。

② 实质上响应要求的投标文件，应该与招标文件的所有规定、条件、条款和规范相符，无显著差异。所谓显著差异是指对工程的发包范围、质量标准及运用产生实质性影响；或者对合同中规定的招标单位的权利及投标单位的责任造成实质性限制；而且纠正这种差异，将会对其他投标单位的竞争地位产生不公正的影响。

③ 如果投标文件实质上不响应招标文件的要求，招标单位将予以拒绝，并且不允许通过修正或撤销其不符合要求的差异而使之成为具有响应性的投标。

（4）投标文件的评价与比较

在评价与比较时应根据评标、定标办法（见附件四）规定，对投标单位的投标报价、工期、质量标准、主要材料用量、施工方案或施工组织设计、优惠条件、社会信誉及以往业绩等进行综合评分。

15．合同的授予和签署

（1）中标通知书

① 确定出中标单位后，在投标有效期截止前，招标单位将以书面形式通知中标单位。在该通知书（以下称"中标通知书"）中给出中标标价（以下称为"合同价格"），以及工期、质量和有关合同签订的日期、地点。

② 中标通知书为合同的组成部分。

③ 在中标单位按规定提供了履约担保后，招标单位应及时将未中标的结果通知其他投标单位。

（2）合同协议书的签署

中标单位应按中标通知书规定的日期、时间和地点，由法定代表人或授权代表前往与招标人进行合同签订。

（3）履约担保

① 中标单位应在收到中标通知书 14 日内向建设单位提交履约担保。履约担保由招标人认可的银行出具银行保函，银行保函为合同价格的 10％；投标单位应使用招标文件中提供的履约保函格式。

② 如果中标单位不按规定签署合同或不按规定办理履约担保，招标单位将取消其中标资格，并不返还其投标保证金。

二、招标文件的澄清、修正和发售

1. 招标文件的内容

（1）招标文件目录中所列文件、图纸、资料、附件；

（2）在招标过程中形成的、具有法律效力的书面资料。

2. 招标文件的澄清

要求对招标文件进行澄清的投标人，应以书面（"书面"包括手写、打印、印刷，也包括电传和传真）形式按规定的地址通知招标人。在投标截止期三天前收到的要求澄清的问题予以答复。答复将发给所有购买招标文件的投标人，并作为招标文件的组成部分。

3. 招标文件的修正

（1）在投标截止期之前，招标人可以用补遗书的方式修改招标文件。

（2）据此发出的补遗书将构成招标文件的一部分。该补遗书将以书面方式发给所有购买本招标文件的投标人。投标人应以书面方式通知招标人确认收到每一份补遗书。

4. 招标文件的发售

（1）招标文件在规定的时间、地点发售。每套收费人民币××元整。图纸押金××元（图纸随投标书送达接收人后，押金退回）。

（2）本招标文件售后不退。

三、招标文件的签收

投标人在收到本招标文件后办理签收手续或通过传真通知招标人确认已收到招标文件。

第四章　投标书的编制和投标须知

一、投标书的语言

与投标有关的所有文件均应使用汉语。

二、投标书的组成

1. 投标书。
2. 投标保证金。
3. 工程报价表。
4. 施工组织设计（附件二）。

5. 资格审查资料和有关文件。

6. 法定代表人资格证明书、授权委托书、代理人身份证。

7. 本招标文件要求投标人填写和提交的其他资料。

三、工程报价表

1. 报价方式：本工程采用包工包料，合同价格固定方式报价。除工程变更，不可抗力另计追加合同款外，其他情况如出现政策、市场变化等引起价格费用风险时不调整合同价款。

2. 投标报价应为本次招标范围内全部内容的总价。

3. 投标报价的计价方法：采用施工图纸预算价格。投标人应根据施工图纸、技术资料计算工程量、单价、合价及各种费用计价。

4. 工程报价套用《全国统一建筑工程××省单位估价表》，取费按《××省建筑安装工程费用定额》（1997）计取。材料价按××市地方最新信息价。

四、投标和支付使用的货币

1. 投标人应以人民币填报工程报价表中所有分项的价格；

2. 合同实施时亦以人民币支付。

五、投标有效期

1. 投标书在投标截止时间开始生效，并在随后五十六天内保持有效。

2. 如果出现特殊情况，招标人可要求投标人将投标有效期延长一段时间。招标人的要求和投标人的答复均应以书面方式进行。投标人可以拒绝这种要求而不被没收投标保证金。同意延期的投标人，需要将其投标保证金的有效期延长相同的时间，而且应在延长期内，满足本章第六条的全部规定。不允许投标者修改他的投标书。

六、投标保证金

1. 投标人应提供一份不少于投标价格百分之一（1%）的投标保证金（人民币），此保证金是投标书的一个组成部分。

2. 投标保证金可以是经招标人认可的银行所开出的银行保函、承兑支票、银行汇票或现金支票。银行保函的格式应符合本招标文件的要求且银行保函的有效期应超出投标有效期二十八天，投标人可在上述形式中任选一种。

3. 招标人将拒绝接收未能按要求提交投标保证金的投标人递交的投标书。

4. 未中标投标人的投标保证金将尽快退还，最迟不超过投标有效期（包括按本章第五条第 2 款的延长期）期满后二十八天（不计利息）。

5. 中标人的投标保证金，在其按要求提交了履约保证金并签署了合同协议书后，予以退还（不计利息）。

6. 如有下列情况，将没收投标保证金：

（1）投标人在投标有效期内撤回其投标书；

（2）投标人不接受按本章第十六条规定对其投标价格的修正；

（3）投标人试图对招标人的评标过程或授标决定施加影响；

（4）中标人未能在规定的期限内签署合同协议书，或未能按要求提交履约保证金。

七、投标人提出的替代方案

本次招标不接受投标人提出的替代方案。

八、投标书的格式和签署

1. 投标人应按本章规定的内容编制投标书，投标书必须按技术标书和商务标书两部分分别装订。投标人应提交十二套投标书，其中正本二套，副本十套。正本和副本分别装订并相应标明"正本"或"副本"。正本与副本如有不一致时，则以正本为准。（注：涉及标底及其计算资料的为商务标。）

2. 投标书的正本和副本均应使用不能擦去的墨料或墨水打印或书写。投标书由投标人委托（提交授权书）的签字人签署，凡有增加或修正处均应由签署人小签证明。

3. 全套投标书应无涂改和行间插字，除非这些改动是根据招标人的指示进行的，或者是为改正投标人造成的必须修改的错误而进行的。但修改处必须由投标签署人小签证明。

九、投标书的递交

投标书的密封与标识：

（1）投标人应将投标书的技术标书和商务标书分别密封在两个内层包封和一个外层包封中，并在内层包封上正确标明"技术标"或"商务标"。

（2）内层和外层包封都应标明单位、地址、收件人。并明确标有"开标时间前不能启封"的字样，请注意。

（3）除上述两款要求的标识外，在内层包封上应写明投标人的名称、地址和邮编、联系电话。

（4）投标书封口须加盖投标单位公章和法定代表人印章。

（5）如果没有按本须知要求密封和标识，招标人将不承担投标书错放或投标书被提前开封的责任。且招标人有权拒绝接收投标人提交的标书。

（6）投标人应随投标书递交和投标书相一致的软盘一份。密封同上。

十、投标截止时间

1. 投标文件应在规定的时间之前，按规定的单位地址、收件人送达。

2. 招标人如果根据第三章中的第二条第 3 款发出补遗书，则可酌情决定是否延长递交投标书的截止期限，具体截止期由招标人书面通知投标人。在上述情况下，招标人和投标人在原投标截止期方面的全部权利和义务，将适用于延长后的新的投标截止期。

十一、迟到的投标书

招标人在规定的截止期以后收到的投标书，在确定了投标人的名称、地址和邮编后，将尽快退回该投标书。

十二、投标书的修改与撤回

1. 投标人可以在规定的投标截止期前，以书面通知的形式修改或撤回其投标书。投标截止期前投标人对其投标价格的修改应附有相应的分项工程单价和总价。

2. 投标人对其投标书修改或撤回的通知，均应按本须知的规定进行编制、密封、标识和提交，还要在内层包封上标明"修改"或"撤回"字样。投标人要求将其投标书撤回的通知，还应在外包封上标明"撤回"字样。

3. 在投标截止期后不能修改投标书。

4. 在规定的投标有效期内，投标人撤回投标书的，投标保证金将被没收。

十三、投标书的澄清和与招标人的联系

1. 为了有助于对投标书的审查、评价和比较，根据需要，招标人可以要求投标人澄清其投标书。有关澄清的要求与答复均须采用书面形式，必要时可进行当面澄清和说明。但不应试图更改投标价格或实质性内容，按照本章第十六条的规定对计算错误所做改正除外。

2. 除上款规定以外，在评标期间，任何投标人均不得就与投标书有关的问题与招标人发生联系。如果投标人希望提交给招标人其他资料以引起招标人的注意，则应以书面形式提交。

3. 如果投标人试图对招标人的评标过程或合同授予决定施加影响，投标人除承担本章第六条第 6 款规定的责任外，还将导致投标书被拒绝。

十四、投标人的资格

1. 投标人应有独立的法人地位。同时，应与招标人、业主无任何隶属关系。

2. 投标人应满足下列最低资质标准：

（1）资质等级要求：工业与民用建筑工程施工一级。

（2）过去三年每年完成施工投资额不低于六千万元。

（3）投标人在过去五年中承担过与本工程类似性质和复杂程度的工程。并在此期间内获得过"鲁班奖"。

（4）拟参加本工程实施的主要管理人员在与本工程性质、复杂程度和规模相当的工程方面具有五年以上的工程经验，并具有三年以上相同关键岗位的工作经验。

3. 投标人为说明自己的资格，在递交投标书时应提供下述资料或文件：

（1）有关投标人法人地位的文件（法人营业执照）副本，说明投标人的注册地点和主要经营地点，签署投标书的签字人的书面授权书，投标人施工资质的证书副本；

（2）过去五年中完成类似性质、规模和复杂程度的工程（列表说明）。表中所列工程应写明业主单位的地址和联系方式（电话、传真）和联系人；

（3）拟负责管理和实施本合同项目的主要管理人员和技术人员的资格证明和经历；

（4）投标人的财务状况报告，过去三年的资产负债表、损益表和审计报告；

（5）投标人目前及过去三年涉及任何诉讼或仲裁的资料，涉及的各方面当事人及争议的金额，如未发生此类事项应明确写入投标书；

（6）提交一份为实施本合同项目拟采用的初步实施方案和进度计划建议方案，并附有必要的图表（参考附件二）；

（7）投标人拟用于实施本合同项目的主要施工机械，提供满足本工程建筑施工所需的施工机械一览表（参考附件二）；

（8）具有不少于人民币伍佰万元的流动资金和（或）信贷额度来实施本合同的证明资料。

十五、投标费用和现场考察

1. 投标人承担其投标书编制、递交及现场考察所涉及的一切费用。

2. 建议投标人对工程现场和其周围环境进行考察，以获取有关编制投标书和签署本分包合同时所需的各项资料。投标人承担现场考察的全部费用、责任和风险。

十六、投标书的审查、响应性的确定和错误的改正

1. 审查在评标前进行，招标人将首先确定每份投标书：

（1）是否满足本章所规定的合格性标准；

（2）是否按本招标书要求密封；

（3）是否正确签署；

（4）是否按本招标书要求提交了保证金；

（5）是否实质性响应了本招标书的要求。

2. 响应性确定。实质性响应投标书，应与本招标文件的所有条款一致、无显著差异。所谓显著差异是指：

（1）对本次招标的范围、工作内容和质量产生实质性影响；

（2）偏离了招标文件的要求，而对合同中规定的招标人的权利或投标人的义务造成实质性限制；

（3）保留这种差异，将会对响应招标文件的投标人的竞争地位产生不公正的影响；

（4）投标书（包括分项报价表）包括的内容不全，评价时无法与其他投标书进行公平、公正的比较。

3. 如果投标书没有实质性响应招标文件的要求，招标人将予以拒绝，并且不允许投标人通过修改其不符合要求的差异而使之成为具有响应性的投标书。

4. 错误的改正。招标人将对已实质上响应招标文件要求的投标书进行校核，看其是否有计算错误。招标人改正计算错误的原则如下：

（1）当用数字表示的数额与用文字表示的数额不一致时，以文字为准。

（2）当单项报价之和与总价不一致时，通常以该行填报的单项报价为准。除非招标人认为单价有明显的小数点错位，此时应以总价为准，并修改单项报价。

5. 招标人将按上述改正错误的原则调整投标书的报价。在投标人同意后，调整后的报价对投标人起约束作用。如果投标人不接受改正后的报价，则其投标书被拒绝且投标人提交的投标保证金也将被没收。

十七、预付款

1. 招标人将按照合同专用条款第 24 条之规定，向中标人提供一笔预付款。

2. 在招标人支付预付款之前，投标人应向招标人提供一份经招标人认可、金额与币种等同于预付款的银行保函。

十八、腐败或欺诈行为

1. 投标人在投标过程或合同实施过程中不得有腐败或欺诈行为，否则其投标书将被拒绝，且该投标人的投标保证金和（或）履约保证金将被没收。

2. 针对本节的规定，特定义如下：

（1）"腐败行为"是指在投标或合同实施期间，通过提供、给予、接受或索要任何有价值的东西从而影响公职人员和参与本工程招标之人员工作的行为；

（2）"欺诈行为"是指通过提供伪证影响招标或合同执行从而损害招标人利益的行为，同时也包括投标人之间串通（在投标书递交之前或之后），人为地使招标过程失去竞争性从而使招标人无法从公开的自由竞争中获得利益的行为。

十九、无法从开工日期开始实施的合同

如果是招标人无法控制的原因使得无法在本工程开工日期的七天前签署合同，则原定开工日期应做修改。在这种情况下，新的开工日期应定在合同签署日后的七天内。

附件

附件一：标准规范目录（略）

附件二：施工组织设计编制要求（略）

附件三：技术说明书（略）

附件四：生物曝气池及二沉池（略）

附件五：图纸及污水处理结构工程总说明（略）

附件六：招标过程中形成的具有法律效力的其他资料（略）

国内评标文件编制实例

××标段评标、定标方法

前言

为维护和推进建设工程招标、投标的公平竞争，保证评标、定标工作的公平性、公正性和科学性以及评标、定标工作的顺利开展，根据有关行业规定，本工程采取"打分法"进行评定，具体方法如下。

由评委对投标书评分进行评标、定标，评分内容以：①投标报价、②投标工期、③企业信誉、④工程质量、⑤投标水平评定、⑥项目管理班子配备、⑦施工组织设计等因素进行综合评分，择优选定中标单位。

一、投标报价评分（本项满分 50 分）

1. 用审定后的标底衡量各投标单位投标价，界定在 $-5\%\sim+3\%$ 内为有效范围（含 -5%，$+3\%$），在此范围内的报价定为有效报价。

2. 有效标单位是指去除废标以外的投标单位，投标单位总数以投标文件递交截止时间之前（含截止时间）收到的投标文件份数计。

3. 本项采用经审定后的标底与各有效标的平均值相加后除以 2 作为评标标准。投标报价在评标标准价下限 -2%，得最高分 50 分，具体得分查工程报价得分表。

4. 当各投标单位的报价均超范围（即各投标单位的报价分均为零分时），由各投标单位重新进行一次报价，再对各投标单位的重新报价进行评分。

5. 当有效投标单位只剩一家且投标报价分为零分时，不论其总投标价多少，以审核的标底价的 97% 作为中标价，如投标单位能接受，即确定其为中标单位。

6. 经审核的标底，在开标会上当众启封后即生效。在开标、评标、定标时，标底审核部门不作任何解释。对标底有异议的单位，应在标底公布后 48 小时内以书面形式向市建设行政主管部门提出申请复核，并预交组织复核的费用。经复核，复核结论与标底的差额超过 $-5\%\sim+3\%$ 的应宣布中标无效，然后，以复核后的标底，重新确定评标标准价组织评标、定标。

二、投标工期评分（本项满分 4 分）

1. 招标单位在招标文件中已对工期有明确具体要求，各投标单位工期必须满足招标文件要求，为赶工期需增加的费用应计入报价。不响应工期的作为废标处理。

2. 招标文件不要求投标单位自报工期。

三、企业信誉评分（本项满分 3 分）

1. 由银行出具的企业资信情况（AAA 级得 2 分，AA 级得 1 分）相关证明材料复印件，最高得 2 分。

2. 企业新技术应用方面，用户满意工程方面获奖情况和荣誉（国家级得 1 分，部省级得 0.5 分），最高得 1 分。

四、工程质量评分（本项满分 15 分）

1. 质量承诺，满分 4 分。

承诺达到招标文件规定的部省级优质工程得满分 4 分。

2. 质量管理，满分 4 分。

项目内部质量保证体系健全，设专职质检员和质检机构者得基本分 3 分。项目不按要求设置质检机构或专职质检员的扣 1 分，全无者扣 2 分。

企业取得国家质量认证机构颁发的质量保证体系认证证书的得 1 分。

3. 材料质保体系，满分 4 分。

项目内部有完善的材料质保体系，有从选择供应商、采购、搬运、贮存和使用等方面的明确规定，基本分 2 分，较好的得 3 分，好的得 4 分。

4. 奖励，满分 3 分，其中（1）、（2）项任选其一，不可兼报。

（1）1998 年以来企业每获得一个"鲁班奖"，承建得 1 分，参建得 0.5 分，最高得 3 分。

（2）1999 年以来企业每获得一个"省长奖"或相当于"省长奖"的其他奖，承建得 0.5 分，参建不得分，最高得 1.5 分。

五、投标水平评分（本项满分 2 分）

投标水平评定是对投标文件本身编制水平进行的综合评定，具体按下列内容逐项评定。

1. 投标资质是否齐全，以技术标和商务标及各项证件的复印件，（法人证书或法人委托证、企业执照、资质证书、项目经理证书等），齐全的得 1 分，不全的得 0 分。

2. 投标文件资料应装订成本，如出现字迹潦草、涂改、模糊等得 0 分，满足要求的得 0.5 分，不全的得 0 分。

3. 投标文件资料是否按规定或要求密封，表格填写是否规范，满足要求的得 0.5 分，不全的得 0 分。

六、项目管理班子评分（本项满分 6 分）

1. 项目经理的资质为一级的得 2 分；具有高级职称得 1 分，中级职称得 0.5 分；本科以上学历得 1 分。

2. 实行项目经理负责制，组成的项目管理班子机构健全、职责明确、人员齐备、专业配套，能满足工程需要。项目经理应为一级资质证书，其资质和所能承担的业务范围满足本工程的要求，项目经理同时承担的工程项目数应符合有关规定。其他原则上应持证上岗，如果未取得上岗证，也应配备具有相应专业知识和实践经验的技术人员担任。符合以上要求的得基本分 0.5 分，项目管理班子配备较合理的得 1 分，合理的得 2 分。

七、施工组织设计（本项满分 20 分）

评委根据投标单位的投标书中是否具有下列 10 项基本内容作出评分。

项目	基本分	较好	好	项目	基本分	较好	好
1. 主要施工方法	0.5		2	6. 质量保证措施	0.5	1	2
2. 施工机具投入计划	0.5		2	7. 安全保证措施	0.5	1	2
3. 劳动力安排计划	0.5	1	2	8. 文明施工保证措施	0.5	1	2
4. 施工总进度计划	0.5	1	2	9. 工期保证措施	0.5	1	2
5. 施工总平面布置图	0.5	1	2	10. 施工组织设计的完整性	0.5	1	2

八、评标、定标

（一）评标委员会组成

1. 评标委员会由招标人负责组建。

2. 评标委员会由招标人的代表和有关技术、经济等方面的专家组成，成员数为 5 人以上单数，其中技术经济方面的专家不得少于成员总数的 2/3。

3. 技术经济方面的专家评委应具备下列条件：

（1）能自觉遵守国家法律、法规、方针政策，具有热心于社会服务工作、热爱建设事业的精神。

（2）能坚持科学的态度和实事求是的原则，具有为人正直、办事公道的高尚情操，并能听取不同意见。

（3）廉洁自律、作风正派、事业心强，能自觉遵守招标工作纪律，服从招标投标监督管理机构的监督管理。

（4）具备高级以上专业技术职称或者是具有同等专业水平，在本专业工作 8 年以上。

（5）得到国务院有关部门或省建设行政主管部门认证，入选专家名册或专家库的人员。

（二）评标纪律

1. 参加评标的人员应自觉遵守招标投标管理有关规定；

2. 评委委员代表个人，不代表组织；

3. 评委应服从预备会的分组安排；

4. 评标时应客观公正、实事求是、独立评标，不得相互商量，凡有下列情况之一者，打分表作废。

（1）字迹模糊不清，无法辨认者；

（2）分项计分与合计分明显存在错误者；

（3）评分超出规定的上、下限范围者；

（4）评委之间相互串通，有明显倾向者；

（5）未按评标办法（原则）打分者；

（6）其他违反招标管理规定的行为；

5. 评标委员会成员在投标单位中有兼职或者有直接经济利益关系者，应回避；

6. 评标阶段，评委不得单独与投标人接触；

7. 所有评委及有关人员，都有保密的义务；

8. 所有评委均对其评标结果的公正性负责。

（三）评标规则具体见《××省建设工程招标投标评标细则》

1. 评标应遵循下列原则

（1）竞争优越；

（2）公正、公平、科学合理；

（3）质量好、信誉高、价格合理、工期适当、施工方案先进可行；

（4）反不正当竞争；

（5）规范性与灵活性相结合。

2. 评标应严格按照招标文件规定的标准进行，技术标和商务标分开评审；商务标当众开启后，直接评分；技术标交由评标委员会封闭评审。

（四）评标报告

评标结束后，应由评标委员会负责出具评标报告，并经全体评委签名后，报招标人定标，并报招标监督管理机构备案。

九、定标

1. 定标依据：评标委员会出具的评标报告。

2. 定标：依据高分中标原则，由评委推荐得分最高者为中标单位，得分相同时，报价较低者优先。评委应将上述推荐意见写入评标报告，报招标人确认。

3. 中标通知书发放：中标人确定后，招标人应当在当日内发出《中标通知书》和《未中标通知书》。

参 考 文 献

[1] 张恩照 . 分析工程造价管理系统思维与全寿命期成本管理的关系 [J]. 商讯，2020（18）：137-138.

[2] 阎石林 . 浅析房地产工程造价控制管理中的常见问题及解决思路 [J]. 商讯，2020（18）：181-182.

[3] 高振宇 . 建筑工程造价与施工项目成本的控制管理探讨 [J]. 中外企业家，2020（18）：58.

[4] 李芹英 . 全过程工程造价在现代建筑经济管理中的重要性 [J]. 低碳世界，2020，10（06）：198-199.

[5] 谭菊香 . 论建筑工程造价的动态管理控制 [J]. 低碳世界，2020，10（06）：201，203.

[6] 梁世才，惠恩才 . 工程项目管理学 [M]. 大连：东北财经大学出版社，2008.

[7] 乌云娜 . 工程项目管理 [M]. 北京：电子工业出版社，2009.

[8] 刘伊生 . 建设项目信息管理 [M]. 北京：中国计量出版社，1999.

[9] 刘伊生 . 建设项目管理 [M]. 北京：北京交通大学出版社，2003.

[10] 翰觉克森 . 建设项目管理 [M]. 徐勇戈，等，译 . 北京：高等教育出版社，2005.

[11] 宋伟，刘岗 . 工程项目管理 [M]. 北京：科学出版社，2006.

[12] 梁世连 . 工程项目管理 [M]. 北京：清华大学出版社，2006.

[13] 杨兴荣 . 工程项目管理 [M]. 合肥：合肥工业大学出版社，2007.

[14] 林韬 . 浅谈建设工程项目管理策划 [J]. 山西建筑，2008，34（9）：237-238.

[15] 何万钟 . 工程项目前期策划实务框架的研究 [J]. 建设监理，2008，（11）：9-13.

[16] 尹贻林 . 工程造价计价与控制 [M]. 北京：中国计划出版社，2004.

[17] 郭正 . 环境工程施工与核算 [M]. 北京：中国环境科学出版社，2005.

[18] 上海市政工程设计研究院 . 给水排水设计手册：第10册 . 技术经济 [M]. 北京：中国建筑工业出版社，2012.

[19] 罗辉 . 环保设备设计与应用 [M]. 北京：高等教育出版社，1997.

[20] 全国造价工程师职业资格考试培训教材编写委员会 . 工程造价案例分析 [M]. 北京：中国城市出版社，2000.

[21] 任玉峰，等 . 建筑工程概预算与投标报价 [M]. 北京：中国建筑工业出版社，1992.